軟能力

你的職場

致勝法寶

毫無疑問，當個上班族是件很慘的事！

也許你總是第一個到公司上班卻是最後一個離開公司的人；也許你兢兢業業踏實做事卻總是與升職加薪無緣；也許你永遠也跟不上老闆的朝令夕改喜怒無常；更氣人的是平時什麼好事都輪不到自己可是遇到裁員就非你莫屬。

這還不算什麼，同事之間的派系鬥爭、明爭暗鬥，公司內部的八卦消息，你埋頭苦幹充耳不聞，誰也不得罪，卻免不了每次都成眾矢之的，你倒成了最後失道寡助的代罪羔羊。

是要大呼冤枉？還是鬱鬱寡歡？你想不想找到原因？

沒錯！你可以說：「此處不留人自有留人處，換個老闆還不容易嗎？」但換老闆容易，適應環境難，你就沒有想過問題可能出在自己身上嗎？看看周圍吧！就算環境再惡劣，企業再壓榨，老闆再變態，同事再小人，總還是有人春風滿面、扶搖直上，要什麼有什麼？這些人可能智商不比你高，成績不比你好，專業比不過你，工作更是沒你踏實……

當然，他們也不見得有漂亮帥氣的面孔，有個能撐腰的老爸，都靠拍馬屁才受寵升遷……或許他們只是多了一點你沒有的東西─軟能力。

所謂「軟能力」是指創意、創新、態度、溝通、團隊合作及解決問題等能力，比如更善於與人相處，所以他們能更容易從言語中準確了解老闆的意圖，他們能協調好各個部門之間的關係，他們能靈活順利的完成多人合作的工作，他們能變換思考角度辦成別人辦不成的事……

你或許天生醜陋，性格內向，根本就不擅長與人打交道。可是，這不是你想與不想，願意與不願意的問題。而事關你要不要活下去，要不要幸福富足地活下去！

要生存，你必須要跟人打交道，而且要學會怎麼樣說話

為妙；怎麼樣看臉色見機行事；怎麼樣讓老闆滿意讓同事服氣讓下屬心甘情願為你做牛做馬……當你掌握了這種無法用試卷來檢測評估的「軟能力」以後，你才會幡然醒悟，工作的實質不是電腦資料文字圖表而已，而是「玩」人，且樂於被人「玩」。

怎麼樣，你是否做好了準備，來「玩」這場智力與情商並重的遊戲呢？

軟能力
你的職場致勝法寶

軟能力：你的職場致勝法寶

前言　／002

第一課

合作：每件事都是自己獨立完成？

01 我要學什麼？／011
除了考試你會什麼？

02 別吝惜你的欣賞／018
我不是馬屁精。

03 儘快發現相似點／023
你不需要去騙人，只需要找到彼此之間的共同點。

04 命令沒有利益好用／028
只要關係到自己，誰都會毫不推辭。

05 被利用才證明有價值／033
公司是利用員工來創造公司的整體價值；員工也是利用公司的資源來提升自己的價值。

06 開口求人也是能力／040
開口求人不會要了你的命。

07 不做天生「反對派」／046
職場不是黑是黑或白是白的童話世界。

Contents

第二課

待人：我常常不耐煩？

01 別人說的我真的聽不下去／053

說的多，不如聽的多。

02 坦誠不意味著有話直說／057

假話不見得就是錯。

03 寬容，放開你自己／063

計較就是跟自己過不去。

04 不要想當然／070

隨便一個想當然，都會讓人犯錯誤。

05 沒想好，就寫下來／076

文字溝通的能力不可限量。

06 不要故意取悅上司／081

有時是用自己的熱臉貼了對方的冷屁股。

07 巧妙的利用沉默／085

沉默是金。

軟能力：你的職場致勝法寶

第三課

溝通：別人聽得懂我說的話嗎？

01 你怎麼老聽不懂／093

　　　錯把毒藥當補藥。

02 別浪費你的耳朵／097

　　　你有沒有用心在聽。

03 變則通／103

　　　心中的固執並非真的有道理。

04 什麼場合說什麼話／109

　　　説者無心，但是聽者有意的人卻大有人在。

05 眼前最重要的是什麼？／113

　　　所有的事絕對都有輕重緩急之分。

06 把「我」換成「他」／118

　　　人生是不公平的，習慣去接受它吧。

07 我只是一部分／122

　　　團體利益比個人利益重要。

Contents

第四課

自我：我覺得我是對的？

01 我沒錯啊！／*129*

你非要他們認錯，這樣對你而言有什麼好處？

02 培養抗挫性能／*136*

老闆不是你的父母，可以寬容你的一再犯錯。同事更非
你的知心好友，可以隨時考慮你的情緒，體會你的感受。

03 誰是情緒污染源？／*143*

我們無法逃離到一個沒有情緒污染的環境中，除非遠離
人群。

04 沒人愛看你的臭臉／*149*

你的情緒是屬於你自己的。

05 你敏感，更受傷／*156*

太敏感會讓人覺得你太做作，讓人感覺很假。

06 會生活，才會工作／*164*

不要讓工作成為你唯一的樂趣。

軟能力：你的職場致勝法寶

第五課

接受：為什麼一定要我去做？

01 幹嘛老是找我／173
能力越大責任越大。

02 信任需要長時間付出／179
要想他人信任你，你自己必須做出值得信任的事情來，
更重要的是你也得相信對方。

03 忠於職業還是忠於老闆？／188
你覺得老闆會器重一個頻繁跳槽的人嗎？

04 面對流言／196
低調、面對、自省、自嘲、溝通。

05 「低潮」期的應對／203
人有了退路，有了其他選擇，只會讓你更加傾向於逃避，
而不是解決問題。

06 規則就是規則／212
不要帶著情緒工作。

合作：
每件事都是
自己獨立完成？

第 1 課

上班族是奮戰在水泥堡壘之間的「獨行俠」。

你既不能相信老闆的「誘餌」，也不能輕信所謂並肩作戰的「同事」，因為一旦面對利益，這一切都會變得捉摸不定。

你不是天生異稟的超人，也不是後天變異的蜘蛛人，更非什麼科學奇蹟造成的綠巨人。你所在的辦公室裡，相互切割開來的「格子」之間，每個人都不免自私的做著公司所交代的工作，也常常因為這些自我的想法，讓每個人或每件事難免不時有衝突產生，有時還讓你蹚入渾水，脫身不得。

要擺脫這一尷尬局面，你有一個好方法，就是把自己的軟能力徹底激發出來！

01.

我要學什麼？

………………………………除了考試你會什麼？

部門眾多的大公司中，總是人來人往，有人辭職就有新人上班，就業壓力巨大，可以想見人力資源部最終敲定的人員必是萬中選一的「精英」。評定精英的標準很多，不過大部分人力資源部會選擇學業成績或專業特長出眾的人作為生力軍。成績、特長在他們眼中，就是評判員工是否優秀的「硬能力」。

可是除了成績之外呢？這些人在學校裡不是幹部就是名列前茅的資優生，而當真正開始了「格子」生涯時，卻是狀況百出。

阿樂是新人中最不起眼的，不知是初來報到不習慣，還

是天生性格靦腆。工作時候一副埋頭苦幹的專注樣子，閒暇時分也少有聽見他的聲音。原本以為這是財務人員必備的嚴謹素質，卻沒想到上級對他的沉默寡言十分不滿，別的同事也對他敬而遠之。

阿樂的上級不只一次的抱怨：「誰知道他腦袋裡在想什麼？交代事情的時候答應得很爽快，可是做出來的東西全都得重做！」

阿樂的同事也憤然：「不就是個研究生嗎，好像他什麼都知道的樣子。清高成那樣，誰還會賣力的提醒他？」

做人要低調本來沒錯，尤其是新人上班，環境不熟悉的情況下，以守為攻比較穩妥，但是像阿樂這樣一直做個「聾啞人士」，只會被上級更加不信任，被同事更加孤立。開口請教前輩又不吃虧，跟同事打成一片也不等同於庸俗勢力。相反，你的虛心請教和親和力卻會讓你的工作完成的比較順利，你融入工作環境的速度也大大提升，否則你三緘其口，就怪不得他人說你不懂裝懂，假清高了。

跟阿樂截然不同的是銷售部的芸芸，開朗熱情的她親和力超強，跟誰都是很快就能熟悉熱絡起來。別說同部門的上上下下，同公司的裡裡外外，就連餐廳送便當的小弟都對她

讚不絕口。

照理說，這種很吃得開的性格應該會使得芸芸的工作勢如破竹。可是時間不長，大家都變的對她有所警惕了。原來，剛剛還面帶微笑九十度鞠躬的送走客戶，一轉身，芸芸就開始批評起客戶的不是來。於是大家不得不聯想，誰知道她會不會在別人面前說自己的壞話呢？誰又敢保證自己說過的壞話不會從芸芸的嘴裡傳到老闆或其他同事的耳朵裡？

為了不引火焚身，遠離是非根源，所有人對芸芸都不自覺地疏遠了起來。

過於沉悶不合群的阿樂和見人說人話見鬼說鬼話的芸芸都沒做滿試用期就離開了。這都是預料之中的事情，可是辦事風格認真仔細的志成，居然也不慎踩到了「地雷」。

志成在列印同事交代給他的檔案之前，總是會仔細的檢查一遍，當他發現了錯誤以後，卻選擇了一種最錯誤方式——直接在辦公室裡高聲嚷嚷：「喂！你這個地方出錯了，快來改！」一副恨不得全公司人都知道對方出錯的架勢。

公司內部會議上討論預算案，各個部門之間的利益難以協調之時，免不了要起爭執，可是大家都知道，爭執歸爭執，決策權還是在老闆手裡，底下的人沒必要為公事傷了和氣。

志成卻不知深淺，非要拿出初生之犢不怕虎的氣勢來跟其他人比較，爭的面紅耳赤，讓氣氛陷入尷尬。

幾次會議之後，志成的部門列席開會的名單上就沒有了他的名字，志成的上司絕對不看好這樣不識大體的年輕人。

阿樂、芸芸和志成不在一個部門，從事的工作不相同，性格也迥然，可是他們的離職的原因卻歸乎於一點：不會跟同事上司打交道，得罪了老員工，作繭自縛。

職場新人是萬事起頭難，不但要學習和熟悉工作和業務之外，同時更為重要的是，你要學會跟其他人融洽相處，不然你的工作會很難進行下去，你的人際關係上就會給你增添諸多的障礙，讓你根本無法施展拳腳。

這些「實戰」經驗，是沒有人會教你的，你不可能指望著職場裡有像學校裡那樣不厭其煩的老師一遍又一遍地給你講解，給你準備詳細的教程，臨到考試前還會幫你劃重點。這些東西不會考試，實際情況出現問題的時候，都比考試更重要。考試只是一個分數，職場關係到的是生存。

能力培訓

你是否知道自己在辦公室人際關係中的「盲點」呢？如果不想在與同事的關係上吃大虧，不妨做做下面的小測試，早早排除隱患：

♠上司請你用他的電腦處理一個檔案，可是你卻不小心，把自己隨身碟上的病毒傳染到了電腦上，系統突然當機了，你對電腦維修又不怎麼在行，接下來，你該怎麼辦？

A、跟比較懂電腦維修的同事商量解決

B、都不告訴別人，自己想辦法

C、又不是故意的，不管它

D、儘快跟上司說明情況，及時道歉

E、等著上司來數落自己

答案

選擇A──盲點是「表現欲」

你在辦公室的人緣從表面上看似乎還不錯，但你很可能跟芸芸一樣，過於自信自己的交際能力，口無遮攔，在無心的情況下得罪很多人。所以適當的時候要學會收斂，不要急於表功或是發牢騷。

選擇 B——盲點是「清高」

也許骨子裡你並非想疏遠周圍的同事，但是你過於強烈的防範心理給他人造成的印象就是如此。要知道辦公室裡很多人都有成為你事業「貴人」的潛質，所以不妨放低姿態。

選擇 C——盲點是「逃避」

工作都不是一個人完成的，所以你總有理由指出別人的錯誤，而不反省自己的問題所在。長此以往，只能招來其他同事不願意跟你合作，或是失去上司的賞識。你需要改正的就是每次遇到問題，先問問自己，而非把矛頭都指向他人。

選擇 D——盲點是「討好」

你認為討好老闆和同事，就可以穩固你在工作中的地位，於是放棄了很多自己的主見，人云亦云。但是這樣並非長久之計，除非你甘於做一輩子的小職員，否則你就該適時的提出自己的想法，讓老闆知道你的建樹，讓同事看到你的能力。

選擇 E──盲點是「急躁」

急於求成是辦公室裡的大忌，回憶一下，自己是不是跟志成一樣，喜歡在第一時間讓同事知道錯誤，讓其他人接受你的方案。三思而後行，多考慮一下他人的感受，多控制一下自己的情緒。

02.

別吝惜你的欣賞

我不是馬屁精。

　　欣賞和讚美是有區別的，前者是由衷的感情表露，而後者是流於表面的說辭。顯然雪莉沒有分清兩者之間的關係。

　　雪莉有過一定的工作經驗，所以比那些剛邁出校門的年輕人更有自己的想法，試用期結束以後，她憑藉個人優勢獲得了一個總經理特助的職位。如此之快的升遷背後，除了她的業務熟練度外，更重要的是她不停的讚美。

　　讚美的首要對象當然是雪莉的頂頭上司，其次是周圍的部門經理，或著帶有一些勢力的老員工。

　　讚美真是一件悅人又悅己的事。

　　雪莉仰慕著上司的英明果斷，畢恭畢敬的接待著其他主

管，稱讚著老員工換新髮型的同時，她手裡的工作同時也都進行的順暢無比。

讚美沒有錯，人人都喜歡聽好話，尤其是高處不勝寒的主管，更是需要有下屬的肯定來增添自己的權威感，哪個主管又願意與凡事與自己對著幹的員工來相處呢？遇到有升遷的機會時，當最終人選之間的差異在不分伯仲的情況下，哪個較「貼心」，哪個是「知己」，自然就是不二人選。雪莉正是如此脫穎而出的。

然而，讚美是把雙刃劍，當你樂於把它奉獻給對自己有利的人時，也千萬別對那些「無關緊要」的人吝嗇。雪莉就犯了這樣的錯誤：她願意挖空心思的讚美對自己有用的人，也絕不浪費半點口水去關注自認為沒「用」的人，對於新人的請教，雪莉是往往給上一句：「自己去想，別煩我。」在雪莉看來對自己沒幫助的人，她總是白眼以對。

從經濟學角度來考慮，雪莉的讚美是一種有效的投資。然而，辦公室的環境很可能比經濟規律更為複雜。雪莉的「分類讚美」被同事屬下認定為「勢利」。他們覺得，她只懂得在上司面前搖頭擺尾。這種看法，讓她吃到了苦頭：

在雪莉上任的第一個週末，上司提出了加班趕工的計劃，

除了雪莉對此表現出的任勞任怨外，其他的員工對這種沒有加班費的加班都很反彈。

加班的計劃是鐵定要實施的，而雪莉卻是孤掌難鳴，有人請病假，有人請特休，剩下的都是牢騷滿腹的人。一些關於雪莉的負面語言，也傳到了她本人的耳朵裡——

「就是她想邀功！」

「小人得志！」

「馬屁精！」……

雪莉更加確信自己之前的判斷，這些「下面」的人就是如此「懶惰」和「善妒」，所以更加不屑與之為伍。可是一個部門的工作不是一個人就能做完的，上司重視的是結果，而雪莉的主管能力很快就受到了質疑。一個月後，雪莉又降回了原來的職位，而受不了如此起伏尷尬的她最終還是提出了辭呈。

雪莉不明白，其實辦公室裡的每個人都是「生物鍊」上不可或缺的有效份子。處於金字塔頂端的主管固然有其過人之處，值得欣賞，需要讚美。但是下面的任何一個環節都是在「承重」的一部份，當一件事情具體實施在員工個人身上的時候，工作被細化了，人人都是有價值的。不要以為老闆

才具有生殺予奪的大權，任何一個細微環節出了差錯，一樣可能功虧一簣。

　　細心觀察一下，就會發現，其實辦公室裡沒有真正意義上沒有用的人。下屬的推三阻四可能讓你的新計劃遲遲得不到實施；最基層打雜的員工有可能讓你領不到新文具，列印不出開會急用的資料；就連不屬於編制的清潔工，都有可能讓你忘在桌上的重要文件「提前消失」……要相信，老闆不會傻到花錢雇用一幫「廢物」和「飯桶」，分工不同，只不過你看不到罷了。

　　你可以讚美老闆，但與此同時一定別吝惜把你欣賞的目光停留在其他人身上。每個人身上都有自己發光的點，別以「有用」和「沒用」的有色眼鏡來阻礙你的大好前程，用好每一個棋子，你才能步步為營，贏到最後。

 能 力 培 訓

♠用微笑來表達欣賞

　　當你不知道該如何措辭，如何讚美他人的時候，說錯話不如不說話，跟對方報以一個真誠的微笑，微笑表示的就是喜歡和接納。無論是上級同級還是下級，皆可適用。

♠用手語來表達欣賞

用力的握手，表示的也是認可。遇到上級或是女性，只有當對方伸手的時候，你才可伸手，但是對於下屬，你可以主動伸手或是輕輕拍對方的肩膀，表示的也是「我很欣賞你」或是「你這樣做很好。」等積極意義。

♠用「反語」來表達欣賞

同級的人做出了成績，如果你表示漠不關心或是冷嘲熱諷，都是欠妥的。不妨以半開玩笑的方式（前提是你們之間並無隔閡）說：「嗨！真不錯，想不到，你會成功！」

用這種「正話反說」的方式來表達欣賞，比直接的表達讚美之詞要更為親密，也讓人覺得更舒服。更比一句枯燥乏味的「恭喜你！」來的真誠。

♠用點頭來表達欣賞

如果不善於用語言表達，同時又是慣於面無表情，更無誇張的肢體語言，那麼不妨在聽他人說話的時候，用輕微的點頭來表達你的認可。對於上級交代任務的時候，點頭的力度可以適當加大，但頻率不宜過多。

03.

儘快發現相似點

你不需要去騙人，只需要找到彼此之間的共同點。

　　網路部的宇凡被臨時借調到了企劃部搞宣傳，這本是一件從幕後走到幕前來的差事。可是混慣了跟年輕人打成一片的日子，腦子裡不是網路遊戲就是極限運動的宇凡卻沒能很好的適應企劃部的工作。

　　企劃部除了經理是男性外，其餘的多為已婚的女性，而這段期間又接二連三的有人請產假，所以人手奇缺，現招新人無疑是對在職人員的一種無形壓力，所以借調相關部門的人來補缺，是一件既合情合理，又無性別歧視的緩兵之計。

　　大公司的部門之間借調人員補職缺，有可能是一種「策

略」，是想要你提前辭職；也有可能是有心栽培你，將來委以重任。宇凡之前的一年在網路部幹的還不錯，據說公司內部系統的維護和對外網站上的新奇點子，都出自他手。那麼，無官職有成績的宇凡的借調是屬於後者。

這本來是好事，可是突然從密封的機房換到開闊的辦公區，宇凡卻表現出了「缺氧」的症狀：企劃部集體討論方案的時候，他坐在最不起眼的角落裡，不發一語；閒暇時間，部門裡美女們熱烈的討論起最新潮流時尚的時候，他頭也不抬，落落寡歡；上班遲到下班早退的現象，也出現在了他的身上──毫無疑問，宇凡很不適應新職位和新環境，他在消極怠工。他覺得自己混在一堆女人當中沒有前途，自己跟她們完全沒有共同點。

為此，宇凡也曾不止一次找到老闆抱怨，而老闆一句話就把宇凡堵了回來：「你是去工作的，又不是去相親，成熟點吧。多找找你跟他們的共同點，或者能夠融洽相處的切入點，問題就會解決！」

沒錯！工作不是去聽音樂，可以全憑自己的喜好來，跟同事相處也不是找朋友，只要志趣相投就行。工作是生存環境，你改變不了，你只能去學會適應，否則不是你主動被淘

汰，就是你就被動的等別人來請你出局。

宇凡仔細考慮了上司的話，他開始覺得自己跟企劃部的美女還是有共通點的——企劃部的美女們也沒把他當外人，電腦中病毒了找他；軟體搞不定了找他；想玩個小遊戲了也找他……他很快發現，運用自己的特長幫助了其他人以後，有種難以形容的成就感——企劃部正需要他這樣的電腦高手。不久之後，他已然轉換了心態，成為了美女叢中的一點綠。

很多時候，並非他人不接受你，而是你自己拒人於千里之外。人與人之間不可能沒有共通性，在工作環境裡，工作本身，就是連接你與他人的基本共性。可以說，你與周遭環境（社會環境和人文環境）的相似性越多，你生存的機率越大，當你有了基本與環境相似的「保護色」，才不會被當成異形入侵而排斥掉。

BBC熱播的《hustle》裡，精英騙子們充當的是現代都市裡的綠林好漢，劫富濟貧。之所以被稱為精英，就是「騙子」會在觀察「獵物」的一瞬間，迅速讀出獵物身上的有效資訊——房地產大鱷是個不穿襪子，自以為是的單身漢。於是，在接近獵物前，騙子脫下了襪子，取掉了自己的戒指，

一副目中無人的樣子走了過去。

「獵物」終究沒有懷疑「騙子」，他說：「看到你，就像看到了我自己……」

你跟他人的習性越接近，你就越容易被他人接納。敵意、懷疑、排斥都在相同點中被忽視了——人的骨子裡都是自戀的，更容易接納和自己相似的人。

你不需要去騙人，只需要找到彼此之間的共同點。這很簡單，但卻是博得他人的好感的必需品，跟空氣一樣重要。

 能 力 培 訓

> 大多數年輕人跳槽的原因並非字面上說的工作不滿意，而是跟同事或上司搞不好人際關係。如果以下的想法出現在你腦海裡，證明你還沒有找到與他人共事的相似點，難怪你老是跳來跳去還是一事無成：

1、我跟老闆的脾氣不和。

2、我看不慣這裡的人。

3、我跟同事沒有共同語言。

4、這裡的環境不適合我發展。

5、我的個性得不到發揮。

6、我在這裡不受重視（我被大材小用了）。

7、大家都在偷懶，憑什麼我要做事？

04.

命令沒有利益好用

只要關係到自己，誰都會毫不推辭。

從總經理的辦公室出來，祥宇臉色鐵青，「啪！」的一下把手裡的文案重重的摔在桌子上。

「我東奔西跑的搞了半個月，那邊客戶好不容易鬆了口打算下單。現在都讓技術部那幫笨蛋給搞砸了，弄了兩天還沒弄出方案，客戶當然反悔了，我又賠不是又道歉，結果老大這邊還怪我協調不利！這又不是我一個人的事情！」祥宇怒氣未消的喊著。

「你沒跟技術部說這個單子很重要嗎？」銷售部經理及時的安撫下屬。

「客戶那邊電話一放，我就衝回公司，生怕技術部那幫

大爺們不理我，所以想找總經理下達硬性的命令，要他們加班趕工。當時總經理在總部開會沒回來，我就把情況跟祕書說了，後來祕書也跟技術部的打了招呼。兩天後我到技術部要方案，他們卻說有收到命令了，但是手裡工作太多，所以先忙別的去了。我這樣做錯了嗎？」

「你當然錯了。」

「我該先向您報告？我這不是越級了，經理？」祥宇不解。

「不，時間關係，重要的單子可以直接找總經理協調，畢竟這是關係到整個公司的利益。問題出在，你找了錯誤的人來傳達命令，所以技術部的人不買帳。」

老大頓了一頓，看著滿臉迷惑的祥宇，繼續說：「你知道祕書會跟總經理說明情況，總經理會下達指令，然後祕書又會把指令再傳給技術部，祕書會這樣說：『總經理命令你們趕工。』換成你是技術部的人，你會怎麼想？」

「我會按照命令來辦事，這是總經理的命令呀！」

「問題在於，這個命令出自一貫被技術部的人看不起的祕書傳話筒的嘴裡，祕書的態度不會跟你一樣急切，祕書也不會跟技術部的人詳細解釋這個方案的重要性，所以……」

「所以，技術部的人沒把這個命令當回事！」祥宇驚呼，心有不甘的繼續發問，「可是，這個命令是總經理下達的呀？」

「命令不在於是誰下達的，而在於跟自己有沒有關係，如果技術部知道這個命令事關他們部門的利益，他們就算沒指示也會賣命；但是，傳達的過程中出現了問題，那麼他們有一萬個理由來推託責任。」

老大從印表機旁舉起一疊廢紙，舉在祥宇的面前，「辦公室裡為什麼要用這麼多紙來列印廢話連篇的備忘錄和資料？就是因為部門之間的責任可以像打太極拳一樣推來推去，只要跟自己沒關係的，管你誰下的命令，都是沒用的。」

「我知道了，以後遇到類似情況，我先要找到經理下命令，還要親自去說服相關部門來協調，讓他們知道這不是我一個人的事。」祥宇開竅了。

「有必要的時候，列印一張備忘錄，讓他們簽字確認，嘴上說的不可靠。」經理補充道。

權利需要被監督，需要被制衡，所以老闆都不希望底下的人同仇敵愾，穿一條褲子，因為那樣的話，矛頭便都指向了老闆自己。

乾隆英明過人，為什麼就喜歡坐山觀虎鬥，看奸臣和弄

臣之間的爭鬥？他真的傻到不知道和珅是個奸臣嗎？

事實證明，越是精明的老闆，越是喜歡下面的人在制衡關係中起到互相監督的作用。很多時候，相互制約，就是老闆的初衷。

權力被制衡的過程中，命令下達的時候也會相應的被抵消一部分。比如相互推卸，相互不配合……但只要利大於弊，最終完成工作，老闆才不管你們之間是否懷恨在心，耿耿於懷。

試想，如果乾隆下達了一個指示。劉羅鍋拿著詔令文件找到和珅說：「老闆要你這個週末加班。」和珅會心甘情願的接令嗎？想必和珅只會覺得是自己的敵人在給自己找麻煩，於是「我這裡的工作太多了，騰不開手啊……」

聰明的劉羅鍋當然不會這麼容易被和珅耍，等著被拒絕，他會滿面愁容的，欲言又止的說：「唉，這個週末不加班，老闆揚言要咱們的腦袋搬家。」

於是，和珅只好乖乖加班……

無論多艱巨的任務，對下達命令的人有多大的宿怨，只要關係到自己，誰都會毫不推辭。公事再大，也比不得私利來的直接有動力。

能力培訓

傳話筒的工作不好做，上有主管的命令，下有同事的小算盤，一不留神命令傳達的方式不對，你就會吃力不討好，裡外不是人。上司會說你連話都不會傳，同事會說你拿著雞毛當令箭。人力資源部要做績效調整、祕書要傳達經理指示、助理要明確主管的意思、員工要去其他部門去協調……這些都是傳話筒的基本能力。

♠垃圾傳話筒VS金牌傳話筒

「X」	「V」
老闆要求（命令）你們……	我想老闆的意思是……
你們必須加班（趕工）……	我們大家都要儘快完成……
老闆要扣你們的工資（要炒魷魚）……	我已經盡力了，對不起……
老闆要改革制度，從今往後……	為了大家的利益，提高效率……
老闆讓你們部門配合我們部門……	我們盡力配合你們，我們會合作愉快的……

軟能力
你的職場致勝法寶

被利用才證明有價值

公司是利用員工來創造公司的整體價值；
員工也是利用公司的資源來提升自己的價值。

年終酒會比往年來的精簡了許多，酒店的級別降了，飯菜的品質有了折扣，不變的只是酒過三巡後每個員工的表現。有借酒壯膽跟主管拉近關係的，也有借酒澆愁跟同事發牢騷的，還有不勝酒力去廁所嘔吐的……

「幫我找個小公司吧，這裡我是待不下去了，我就等拿了年終績效獎金就要跳槽了……」

聽聲音，角落包廂裡的人應該是行政部的阿珍，想必向來內斂的她，也有難言的苦衷，要不怎麼躲在這裡打電話呢？

「我知道現在工作不好找，問題是我在這裡只有被人欺

負的份……」阿珍低聲啜泣著。

　　阿珍在公司做了有兩年了吧，跟同事相處的還不錯，主管也挺器重她的，行政部最忙碌的身影莫過於她，怎麼會有被欺負的情況發生呢？

　　「……我剛來公司的時候，經理跟我說只要做的好，就有升遷的機會，你也知道我都這個年紀了，從一般文職做起根本沒希望。所以就衝著經理的許諾，我經常加班，把這裡之前沒理順的東西都全做好了，我現在電腦裡的各種規章制度檔都有幾百份了！同事我也不敢得罪，誰有困難，誰需要幫忙，我都把這些當成自己的事來做，為什麼？為的就是早點升職加薪！」阿珍的聲音不自覺提高了。

　　「有次半夜裡同事打電話來請我幫忙……有次經理要我幫他處理私事……這樣的事情太多了，這都不是我份內的事情，我不都做了嗎？結果呢？經理倒是因為這兩年來行政部的工作比以前順利了，他升職了，可是我呢？我只不過是個被利用了的傻瓜！」

　　阿珍邊哭邊說，「現在我才知道，經理利用我的工作經驗幫他調去了總部，可是他把之前對我的許諾隻字不提；同事利用我的熱心幫他們把工作做好了，可是開會投票決定副

理的時候，這些軟腳蝦們把票全投給了有背景的世偉！」

「我受夠了！我不想再在這裡被人當傻瓜一樣利用了！」發洩完的阿珍，停止了啜泣，掛掉了電話⋯⋯

回到酒桌旁，阿珍已經藉身體不適提前離開了，背後一桌剛好是行政部的人，現任行政部經理跟世偉之間有了幾句對話。

「剛才走了的是阿珍吧，她似乎對我很不滿意？」

「以前還不錯，最近幾個月像吃了火藥一樣，把周圍的人都給得罪光了。你也知道，女人嘛，就是情緒化的⋯⋯」

世偉對於阿珍的事也不想多說，所以很快轉移了話題。

沒人會為阿珍鳴不平，因為無論在哪裡，生活還是工作，不公平、不公正的事情太多了，且無法完全避免，若是為此傷腦筋，影響的就不僅僅是情緒了，而是一個人的狀態。可以想見，阿珍在世偉升職前，就已經為此表現出了焦慮，工作上的三心二意且不論，連人際關係也出現了大麻煩，怪不得沒人投她的票。

說到利用，有能力有野心的阿珍更沒必要為此而耿耿於懷。職場如戰場，沒有好人好報，只有利益的糾葛，公司是利用員工來創造公司的整體價值；員工也是利用公司的資源

來提升自己的價值，只是相互利用而已。

如果你被利用了，就證明有價值。

公司和老闆不會把薪資浪費在一個沒有價值的人身上。如果你覺得付出和回報不成比例，那麼想想看，是不是你只在單純的被利用，而沒有利用好周圍的人呢？

互利互惠才能雙贏！

羅馬需要埃及盛產的物品來補給，克麗歐派特拉則需要凱撒的政治支援，國家之間，人與人之間都是互相利用的。所以當克麗歐派特拉被凱撒扶正到王位上時，清醒的認識到：「你們需要一個傀儡女王，我就是你們的傀儡。」

如果克麗歐派特拉因為自己將被利用而感到鬱悶或是有辱於自己的尊嚴，提出質疑，與羅馬公然抗爭，恐怕歷史就要重寫，證明的無非就是一個庸才的意氣用事，而不是政治家的長遠眼光。

事實證明，懂得推銷自己，讓自己被他人利用，讓自己的利益與價值最大化的人，才是立職場於不敗地位的人。

⬤能 力 培 訓

在職場中無論你會自願或不自願的被人利用，這並非壞事，糟糕的是你除了被人利用外，根本不懂得如何相互利用——利用他人。

看看以下幾種利用人脈的心理，那種更符合你的真實想法：

1. 利用他人是可恥的；凡事要靠自己；做好工作就可以了；專業技能比跟人打交道更重要。

被人利用指數：★

利用人指數：★

你的辦事能力有一套，你也有很多自己的想法，但是別忘記了，你缺乏的是團隊精神，貓科動物的劣勢就在於沒有犬科動物的合作精神，所以大型貓科動物永遠只能獵食比自己小的動物，而群攻的野狗卻可以撕裂比自己大數倍的野牛。適當建立與他人合作的平台，你的職業生涯會走的更寬廣，更成功。

2. 我害怕被拒絕；聽比說更重要；工作家庭之外沒有社交；朋友少。

被人利用指數：★★★

利用人指數：★

你就是職場中最容易被別有用心的人利用，而不懂得如何保護自己，索取回報的那種可憐蟲。因為天生的自卑情緒讓你只會單純的付出，是時候學會勇敢面對了，再不抓緊時間建立強大的人脈關係，你的前途非常值得擔憂。

3. 人緣好才好辦事；我善於利用他人為我辦事；我不浪費友誼在沒有價值的人身上；我的人緣非富即貴。

被人利用指數：★★

利用人指數：★★★★

你很勢力也很狡猾，你的人脈關係就是你的事業。可以說你是個很會利用他人的人，但是要小心，凡事過猶不及，如果你只索取不付出，有可能會讓你的人脈出現危機，誰都不是傻瓜。你需要的是一點腳踏實地。

軟能力
你的職場致勝法寶

4. 我不相信朋友；周圍的人都儘量躲避我；人人都是落井下石的。

被人利用指數：★★

利用人指數：★

你利用人方面已經出現了嚴重的危機，很可能是你之前的利用方式上出現了錯誤，傷害到了他人，所以你現在四面楚歌。你需要重新審視自己的利用手段，同時珍視友誼，重視同事關係，從個人信譽上開始，提高自己的「被利用」價值，才能挽回人脈。

開口求人也是能力

開口求人不會要了你的命。

　　剛開始，大家都替鈺禎這個新人暗暗捏把冷汗。鈺禎是總部空降來的菁英人才，之前有多個大公司的工作經驗，雙碩士學位，可是她的競爭對手卻是能獨當一面，手裡Ｎ個大客戶，頗受總經理賞識的云涵。

　　最重要的是，野心勃勃的云涵對主管一職窺視已久，之前的工作也做的很好，只是人算不如天算，總部又有新人選入圍，鹿死誰手還沒有定數，一場總部與分部之間的較量不可避免的在他們之間展開。

　　前任主管對於云涵一貫奉行的不擇手段招攬客戶的方式略有微詞，但從公司利益的角度和云涵的背景為出發點來考

慮，還是默許了下來，云涵更加有恃無恐。

　　鈺禎經常會受到云涵有意無意的試探。第一天上班的時候，云涵就問鈺禎：「聽說妳在國外留學過，那應該會多國語言吧？不然就把我手中的那些非洲單子轉給妳做好了。」

　　鈺禎友好的回答：「我只會英語，非洲國家那邊很多法語和葡語，看來有問題還要向您多多請教呢！對了，我這裡有個法國的單子，妳能不能幫我看一下？」鈺禎把一個客戶轉來的報關條例透過郵件發給了云涵，云涵只好硬著頭皮翻譯……

　　云涵核查鈺禎的快遞費用，果不其然，發現了幾處報錯港口，多算了郵資，於是大張旗鼓在辦公室裡宣揚：「高材生，妳弄錯了！」

　　其他人知道大戰不可避免，都埋頭充耳不聞，鈺禎很驚恐的認錯：「謝謝，多虧妳幫我發現，要不然這個月我的績效就泡湯了……」

　　下面的人竊笑，云涵則無語以對。

　　經過幾次初步的試探，云涵得出了鈺禎是個並無競爭優勢的傻大姐，不過她還是把一些自己不想處理的難纏客戶丟給這個新人去做，一是想減輕自己的工作量，二是想讓鈺禎

知難而退。

　　有一次，因為海運那邊受到颱風的影響，樣品的郵寄出現了延誤，眼看著客戶就要發飆，更改下單的可能性，云涵覺得這是人為的不可抗力，對方的態度又很蠻橫，想來想去，她就把善後的工作推給了逆來順受的鈺禎。

　　沒想到的是，鈺禎一邊透過國際長途電話和郵件跟客戶道歉，一邊去請倉庫人員幫忙，連夜找到相同的樣品，透過空運提前交到了客戶的手裡，客戶很滿意，單子下了，而且鑑於鈺禎的誠懇，還追加了好幾張訂單。

　　「妳是怎麼找到倉庫人員的，一般來說那個時間他們早下班了！」云涵知道公司早就提倡節省樣品開支，要從倉管那裡多要一份樣品是非常困難的事情，而且平時她最不喜歡跟那些幹粗活的人打交道。

　　「是的，他們下班了。所以我一直打電話問同事，知道了倉管的住所，然後上門跟他說明情況，請他幫忙回公司……」

　　「下班時間，人家會為了妳加班嗎？還要找以前的單子對照，還要打包，麻煩著呢，又沒有加班費。」云涵更加覺得鈺禎有點傻了。

「我就把實際情況告訴他，如果沒有他幫忙，我們會失去這個客戶，前面的努力就會白費的……」

「那妳是不是給他什麼好處了，他才肯幫妳？當妳說實際情況時像他這樣頭腦簡單的人會聽得懂嗎？」云涵打斷了鈺禎。

「沒有什麼好處啊，我想只要自己誠心請他幫忙，而且這個忙非他不能幫，我想誰都會幫我的。」

云涵默不作聲了，三個月後鈺禎被任命為新主管的時候，她一點也沒有任何異議。

人人都不希望自己被別人麻煩，也不想麻煩別人或欠別人人情。尤其是充滿了競爭的職場，開口求人似乎就是一件示弱的傻事，讓人有種受制於人的挫敗感。你別忘記了，你不主動開口，上司不會主動給你加薪升職；你不請求幫助，同事不會好心到為你著想；你礙於面子不向別人詢問，你就永遠不能得到真實的資訊，你的決策也會失準。

舉個最簡單的例子，當你在廁所裡暢快淋漓完了，一伸手，發現面紙盒裡空空如也……這個時候你該是喊一喊，還是撥個電話，或者是找隔壁的人請求援助呢？還是抱定不求人的原則，自己想辦法解決？

幫人拿衛生紙對任何人來說，都是小到不能再小的問題，但對於身陷窘境的當事人來說，就是個天大的麻煩。

　　很多時候，在你看來是無法克服的問題，很可能對於對方來說就只是個舉手之勞。不開口，你就失去了機會。不開口，誰也不會設身處地的幫你想辦法。

　　開口求人不會要了你的命，只要找對了人，說對了話，用對了態度，你就會得到許多幫助，辦成別人辦不成的事，成就別人成就不了的事業，創造出比別人更多的價值。加薪升職，給的就是這種會求人，會辦事的人。

 能 力 培 訓

　　不是你只要開口就有人幫你，也不是你苦苦哀求就能達到目的，有些忌諱是需要注意的：

★別向不能幫你的人開口。

★別向在忙碌中的人開口。

★別只有需要的時候開口。

★別用任何的謊言來開口。

★別用錯誤的態度來開口。

軟能力
你的職場致勝法寶

♠開口求人的好用開場白：

★這件事沒有你不行啊！

★我很想聽聽你的看法。

★請你教我（用『教』替換掉『幫』字）……

★我這方面不行，不知道你是否能……

★情況是這樣的……你有好的建議嗎？」

★你指出的錯誤很有建設性，換作是你的話你會怎樣做？

07.

不做天生「反對派」

職場不是黑是黑或白是白的童話世界。

　　正文不喜歡那種在主管面前唯唯諾諾，在同事跟前充當和事老的中庸之輩，更不齒那些假公濟私的人。

　　「這些票據不合乎公司報銷的規範，我這裡不能報銷，除非總經理簽字。」正文瞥了一眼祕書遞過來上個月副總的外出吃喝玩樂的消費單據，回絕了。

　　祕書陪著笑臉說：「副總這不是也是為了公事去陪客戶嗎，下不為例。」

　　「上個月的交際費已經超支了，我這裡做不了主。」正文的態度強硬。

　　祕書訕訕的離開了財務部……

年度審查之前，為了呼應公司縮減開支的號召，正文提交了一份財務計劃報表，裡面提到了銷售部門和接待部門的費用過高的問題。縮減開支的計劃還沒具體實施，報表中提到的兩個部門的經理早就透過其他管道狠狠擺了財務部一道，正文的上司頭痛了好一陣子才擺平了這件事，從那之後，財務部有些事情便不再讓正文接手了。

　　可是不處理重要工作並不等於他就老實安分了，正文那張不饒人的嘴依舊讓上司頭疼不已。

　　比如，人力資源部把新一批管理人員進修 MBA 的費用報到財務部，在一邊核算工資的正文又突然來了一句：「國外的 MBA 都不吃香了，誰知道這些人是不是藉著公費進修的幌子去渡假。」

　　人力資源部辦事的人聽完臉色一沉，財務經理趕忙收場：「培訓當然是好事了，不管 MBA 吃不吃香，進修的人起碼有上進心，公司這是為大家創造機會嘛。」

　　事情雖然搪塞過去，不過正文卻被調到了後勤部打雜。

　　正文很聰明，能看出其他人在假公濟私；正文也很為公司著想，想堵住財務漏洞。但是聰明歸聰明，想法歸想法，一旦毫無章法地與這些人硬碰硬，他就愚蠢了。

職場不是黑是黑或白是白的童話世界，這裡沒有絕對的壞人，也沒有絕對善良的王子。

職場裡到處都是灰色地帶，如果你非要用單一的價值觀和道德觀來解釋職場裡的現象，並以此為據來「懲惡揚善」，無疑是以卵擊石，受傷的只會是你自己。

正文並沒有損害公司利益，工作上也沒有出現差錯。他言行冒犯其他部門其他人，是對他人尊嚴的一種挑釁。

不少老闆都說，唱反調的員工是有思想有個性的好員工。但這絕對只是一種口頭宣傳，當真不得！事實是，老闆、上司、同事絕對不歡迎這種具有「反骨」精神的人。公司內部是需要協調運作的，協調的前提就是尊重，大肆的唱反調，只會引起他人的反感。

可以理解，正文的上司只能放棄他，而保全整個財務部的安危。

軟能力
你的職場致勝法寶

能力培訓

你既不想隱藏自己的想法，做個平庸之輩，又怕反對的意見成為職場人際關係上的障礙物，那麼，你就得學習如何「唱反調」：

♠不在對方情緒不佳的時候

在向上級提出不同意見的時候，尤其要注意對方的情緒，如果上司已經被某些事情搞的心煩氣躁了的話，你最好暫時不提，否則很可能成為「遷怒」的對象，做無謂的犧牲。

♠不破壞集體氛圍的情況下

在同事們都為新計劃而感到歡欣鼓舞，準備出去聚餐的情況下，如果你站出來尖銳的指出計劃中的紕漏，只能讓大家覺得你是個掃興的人，只要不是十萬火急的事情，就沒必要非說不可。

♠唱反調，也要有更好的建議

開會的時候，你慧眼獨具，看出了方案的問題之所在，你完全有理由指出，但是與此同時你還要「胸有成竹」的拿出更好的方案，否則大家只會覺得你是個挑剔多事的傢伙，而不是和善於解決問題的人。

♠不要全盤否定

指出同事的錯誤是為了他好，如果你只是一股勁的批判而已，可能誰也接受不了，哪怕背後的主觀意願是可圈可點的，選用先肯定，再糾錯的方法，會讓對方心悅誠服。

♠不要獨自承受

不想加班，想加薪，想升職……這些都是所有員工的希望，那麼你就沒必要為了集體利益衝鋒陷陣去做「出頭鳥」，讓你的意願透過集體的力量來得以實現，會更安全。

待人：
我常常不耐煩？

上班真的很煩。晚上加了班，早上起不來；路上塞車，沒吃早飯；找人打卡卻被上司抓到；工作還沒理出頭緒，上司又在咆哮；想準時下班，又被叫去開會；會上老闆沒完沒了，底下同事又要借錢……

工作煩，老闆煩，同事煩，客戶也很煩，你當然有理由不耐煩。

可是，單調乏味的工作讓你不耐煩，你的工作就會永遠停留在機械式的重複之中；推三阻四的同事讓你不耐煩，你的工作就會進行的艱難無比；態度惡劣的客戶讓你不耐煩，你的任務就會完成的比別人少；喋喋不休打官腔的主管讓你不耐煩，你的升職加薪也只是遙遠的夢想……

無論你煩不煩，客觀現實都存在，不耐煩只會讓你陷入泥沼，越來越煩。

想擺脫麻煩的現狀，你先要學會不要不耐煩。

01.

別人說的我真的聽不下去

說的多，不如聽的多。

　　每週四下午1：30—3：00的員工培訓講座已經進行了數個月，從一開始聘請的成功人士到大學教授，再到現在的老總頻頻上台，讓人感覺開高走低，暫且不說內容是如何陳腔濫調，單是老總慢悠悠一字一頓的演講方式，就讓在座的聽眾不自覺把學習當成了午餐後的休息時間。

　　老總依然意氣風發，第五次重複自己的創業經歷。在座的早已熟悉了經典劇情裡的主角配角乃至群眾演員。老總說：「年輕人一定要有意識培養自己的耐性，我在這個行業裡不是最聰明的，跟我一起入行的聰明人都轉行了，可能是我太笨了吧，所以堅持到了現在，哈哈。」

第 N 次的自嘲沒有跟以往一樣引起在座的人發出共鳴，「哈哈」兩聲乾笑顯得滑稽。放眼望去，基本沒有人還帶著筆記本來聽講座了。員工們用本子擋住發訊息的手，或是躲在本子後跟人交頭接耳，更囂張的乾脆趴在一邊夢周公……

講座結束後，幾個部門經理見機的找到老總報告最近的工作。

客服部的經理說投訴的比例在上升，問題可能是出在銷售部的策略上，讓客戶的期待值過高；銷售部經理說最近的銷售額穩中有升，是該加大力度推行新策略；技術部經理說人手不夠，需要招募技術人員，並提高中心幹部的待遇……

老總一一聽完後，說：「客服部的人太年輕，心思沒在安撫客戶上，聽個重複的講座都要發簡訊，對待客戶的態度可想而知，換一些年紀稍大有耐心的來吧；銷售部的人都在打瞌睡，顯然工作已經超負荷了，新策略太激進了，求穩更重要；技術部沒必要補充人員，現有的人員聽講座都在討論週末娛樂，待遇暫不提高，效率提高更為關鍵。」

老總轉身對祕書說：「員工的培訓可以暫停了，我已經找到我需要的資訊了。」

為什麼在座的人都不想聽老總的囉嗦？因為他的講話是

重複的，缺乏重點，沒落實到具體，只是泛泛而談。於是，人的聽覺開始疲勞了。

工作中，我們需要聽上司交代任務，聽同事說事情，聽客戶談問題⋯⋯很多工作是重複的，聽的多了，你就會不想聽，就會不耐煩。這是人之常情。

可是人之常情是一回事，你聽不聽，又是另外一回事。

想想看吧，當你說話的時候，對方表現出了不耐煩，你是什麼感受？挫折？恥辱？憤怒？對，這些敵意的情緒會在說者和聽者之間不斷升高⋯⋯

一部法國喜劇片《終極剋星》，尚雷諾飾演的冷面殺手主角，為什麼會得到那個碎碎念獄友的好感，且死心塌地的幫他越獄，幫他復仇？獄友在監獄裡廢話連篇，讓所有人的神經都崩潰了，只有尚雷諾為了裝精神病，一言不發的「傾聽」。於是，他贏得了對方的信賴，抓住了自己需要的機會。

你不僅要聽，更要隱藏自己不耐煩的情緒！

比如聽老總講話的員工，他們本來耐著十二分的性子在聽，但是說話的人已經察覺到了對方的不耐煩。於是，老總發現了每一個不耐煩的員工身上的問題。

說的多，不如聽的多。哪怕你是裝也要裝作很感興趣的

聽，對方就會不自覺的把你當成知心好友，或是為你赴湯蹈火再所不辭，因為你的耳朵，表現出了對他人的尊重，誰不是為知己上刀山下油鍋的呢？

你在辦公室裡的人際關係不怎麼樣，問題很可能並非在於你不會說話措辭，更多的時候在於你並沒有耐心去聽別人說，缺乏耐心導致你沒有聽出重點和關鍵，沒有聽出弦外之音話外之意，沒有獲得他人的好感。

 能 力 培 訓

> 裝也要裝的具有職業精神才對，以下這些微表情和肢體語言正是在告訴對方——我很不耐煩！

★目光渙散。

★皺眉，同時身體後傾。

★抖腳。

★鬆領帶。

★接連打斷對話。

★雙臂抱肩。

★沒有目光接觸的點頭。

02.

坦誠不意味著有話直說

-- 假話不見得就是錯。

　　季婷所在的部門鬥爭非常激烈，經理和副理意見不合，底下辦事的人各個小心謹慎，明哲保身。作為新人，季婷不斷告誡自己，多辦事，少說話，少得罪人。可是一旦忙起來，季婷就會只顧著把工作早點完成，不知不覺變的不耐煩起來，嘴巴也就不聽使喚了⋯⋯

　　明明上午就該做好的報表，到了下午快下班了，季婷還沒有拿到手。經理之前交代過，報表還要一式多份，分別找其他部門蓋章簽字，存檔後，明早的例行會議上要用。季婷不想晚上加班，她看著做報表的喬恩講電話已經聊了一個多鐘頭了，季婷忍不住了。

「報表還沒做好？」

「唉，手裡的工作太多了嗎，妳再等等，一會就好。」喬恩悻悻的放下電話，一點都不著急。

「一會就好？我已經從上午等到現在了！經理說了明早要用的！」季婷有點怒了。

「我知道的！剛才我就是在跟經理報告工作呢。」喬恩無辜的看著季婷，轉而小聲的對季婷說：「喂，妳知道嗎？經理說上面要裁員……」

季婷最受不了的，就是喬恩這種工作不努力，到處傳播小道消息的人，她大聲的回覆：「別散播恐慌消息，把妳該辦的事辦好就是了！」

喬恩無奈的搖了搖頭，歎了口氣，附耳對季婷說：「妳這樣能幹的人當然不怕了，妳別告訴別人啊，我已經懷孕了，我怕被提前裁掉……」

「從勞基法上來說，公司是不能提前跟懷孕的員工解除勞動合約的，他們不敢！」季婷憤憤的給喬恩寬心。

不巧的是，季婷對於勞基法的這番言論剛好被路過辦公室的副總聽到了。副總私下找到季婷詢問詳情，季婷堅信公司是不會違反勞基法的，於是把喬恩懷孕的事情告訴了副總。

軟能力
你的職場致勝法寶

季婷並不知道副總經理早就想剷除總經理的眼線——喬恩了。而喬恩被辭退的時候，所有的跡象都表明季婷是沒有同情心的「告密者」，所以辦公室裡其他人也對季婷加倍設防，最後總經理也把她當成是異己提前與其解除了合約。

有話直說可以節省時間和精力，讓人直奔主題，心直口快的性格也倍受人們推崇。不過在職場裡這種理論就不一定行的通了、你與上司和同事的關係是微妙的，充滿了變數。有話直說會讓你覺得很爽，省去了大腦的過濾。可是講出來的話，就往往讓別人聽了不爽。

所謂真話傷人，就是這樣。季婷告訴了副總一句實話。職場卻回敬了季婷一個殘酷的現實——直言實話的人不適合工作。

不直接說實話並不是一定就是說謊，這與我們從小被教育要做誠實的人並不衝突。你是出於好心說的實話，卻讓別人難以接受或是受到傷害，那麼好心反而壞了事，溝通不利，還不如不說。

醫生會直接告訴身患絕症的人「你馬上要死了」嗎？

有人會在葬禮上直接說：「這個該死的混蛋終於玩完了」嗎？

你會在朋友的婚禮上直言：「我一看新郎就知道他是個花心的人」嗎？

假話不見得就是錯，真話說的太直接有可能就會釀成大錯。

換個角度，既然要達到好心辦好事的目的，為什麼不透過更為被他人接受的方式來說呢？放在超市貨物架的兩罐沙拉醬，內容一樣，售價一樣，你是願意選擇被人擦拭乾淨的那個，還是表面佈滿了灰塵的那個？儘管放在那裡最真實的狀態就是有灰塵的樣子，可是人們寧願去相信讓自己舒服的表相。

季婷在不知道同事與副總之間糾葛的前提下，用一句：「我們在討論一些勞基法而已，具體情況我也不是很清楚……」來保護自己，保護他人，豈不是皆大歡喜？

動嘴巴前，多動動腦子，總是沒錯。

真相和快樂永遠不可兼得，尤其在暗流洶湧的職場裡，謊言是有必要的，好心的坦言，卻傷人傷己。

◆職場必用句型：

壞消息的句型——「似乎我們遇到了一點麻煩（問題）……」

實際情況是部門方案遭到了高層否定；其他部門的主管阻礙工作；要裁員；要降薪……直接爆料的後果就是被人當成辦事不利傳播壞消息的倒楣鬼。

接收命令的句型——「好的，我馬上就去辦……」

實際情況是你根本辦不下來，或是問題多多，但如果你辦都不辦就直接說明情況，只會讓人覺得你是個不踏實工作的人。

表現合作精神的句型——「這個主意不錯……」

實際情況是這個方法你早就想到了，或者裡面有不少未考慮到的具體問題，但是肯定他人的語氣會讓大家覺得你有意願合作，而不是找毛病挑刺。

避開隱私的句型——「像這樣的事情最好不要在辦公室裡（對我）說……」

實際情況是這個八卦消息你早知道了，防止被別人當成四處散播他人隱私的廣播，無論你多麼好奇，都要表現出無動於衷。

面對不想說的事情的句型——「不好意思，具體情況我還不是很清楚……」

實際情況是你再清楚不過，只是不知道這個話說出去會造成什麼影響，那麼就不說。

對於批評和錯誤的句型——「感謝你的提醒，我下次注意……」

實際情況是你對於這種雞蛋裡頭挑骨頭的事情相當惱火，但是你若是表現出不滿，只會讓人把你當成剛愎自用的人。

03.

寬容，放開你自己

計較就是跟自己過不去。

　　阿華有點為自己的同事靖軒抱不平，他們小組連續奮戰加班了一週，做出來的方案上居然只寫了部門經理一個人的名字。要知道這裡最花心血的是靖軒，從基礎資料的收集到最後資金的預算都是靖軒在做，像阿華這樣的年輕人本以為跟對了「師傅」，學到了東西。沒想到，最後只成全了經理一個人的事業，會議上老總的稱讚和年終的大紅包，都落在了他一個人的身上！

　　「你為什麼不跟老總說明情況呢？那個傢伙只會叫我們加班，他連個資料都不清楚，你隨便就可以揭穿他！」憤憤不平的阿華給靖軒出主意。

「越級報告本身就不對，總經理和董事長連我們的名字都叫不上，憑什麼會相信我們？」靖軒依舊做著手裡的工作，否定了阿華的建議。

「或者我們可以給上面寫郵件……」阿華不想放棄，他覺得靖軒的能力遠遠高過部門經理，靖軒才是他心目中德才兼備的主管，而非那個「小人」。

「別想了，安心做自己的事情。要是弄砸了，薪水能不能拿到都是問題。」靖軒制止了阿華。

雖然從表面上阿華聽從了靖軒的建議，但心裡還是覺得經理做的太過分了。他把靖軒的不反抗歸結於其性格儒弱。自己當然是不儒弱的，於是阿華開始有意無意地頂撞或不配合經理的指示。

「大不了不幹了，只要有能力，還怕找不到工作嗎？」在一次被經理訓斥後，阿華萌生了辭職的想法。潛意識裡，阿華覺得自己的未來很可能就跟眼前的靖軒一樣。

在阿華辭職半年以後，間接的得到確切消息，原來的部門經理升職了，而靖軒已經順理成章的接管該部門，據說還是原經理向董事會力薦的結果……

被人利用，被人暗算，被人剽竊……職場上不公平的待遇太多了，為此你感到憤憤不平，找上司評理無果，於是對「敵人」以牙還牙——吵架、不合作、離間、挑撥……最後身心疲憊乾脆辭職另換東家。結果呢？這樣的事情一而再再而三的上演。

報復是人類的天性，而且無數的文藝作品，比如《基督山恩仇記》，比如《哈姆雷特》、比如《追殺比爾》……都讓人們看到了以牙還牙，以眼還眼後的正義得到了伸張，昭雪以後的大快人心。

可是電影是一回事，生活又是另外一回事。職場裡爭個你死我活，你能殺了你的仇人而後快嗎？當然不能！因為那觸犯法律。再說了，職場的紛爭又有多少是值得你去費盡心機的策劃周密的報復計劃呢？你不會跟伯爵一樣得到財富，也不能找回自己的王位，甚至你根本就沒有勇氣殺生。

有這時間精力，你還不如在工作上做出成績，讓自己得到實際的好處。看看非洲大草原上的獅子「王子」是怎麼復仇的吧，當新來「獅王」把幼年的公獅驅逐出了家族領地。

小獅子開始了流浪，開始跟禿鷲搶奪腐食，為的就是不被惡劣的大自然給淘汰，有朝一日，小獅子也長成為一隻足

夠強壯的雄獅了，牠沒有回到原來的家族去復仇，那是費力又不討好的。雄獅的選擇是自己成為一個獅群中的新首領。

復仇不是最佳選擇，強大自己，生存下來，才是關鍵。

不是動物沒記性，也不是動物懂得寬容，而是動物沒有人高等，只會找到兩點之間的最近的「直線」，完成自己的使命。睚眥必報，浪費的是你有限的生命，復仇也並非你的職業目標。難平怒火的阿華因為難以接受不公正的待遇，工作中帶著負面情緒，最終被辭退。性格「懦弱」的靖軒卻「活」了下來，而且是以勝利者的姿態。

同事一句話可能刺傷了你的自尊，然後你就處處與之為敵；上司的一個行為可能損害了你的利益，然後你就心懷不滿與之對著幹；客戶的一番冷嘲熱諷可能讓你覺得不爽，然後你就放棄了合作的意願……這樣做，無異於拿別人的錯誤來毀掉自己的工作。

錯誤隨時隨地都有可能發生，而寬容則是理解和溝通的橋梁，計較就是跟自己過不去。

能力培訓

　　寬容是裝不來的，很多人雖然表面上很大量，私下裡卻因為自己被愚弄後的情緒折磨的寢食難安。很可能你在工作中正帶著某種敵意情緒，讓你的人際關係出現危機卻不自知。寬容是需要修練的，不妨做個測試看看自己是否在職場裡能做到寬以待人：

1、對你態度不好的人，你能接受嗎？

　A、經常

　B、有時

　C、很少

2、一個人閒暇的時候你會想起你的「敵人」嗎？

　A、經常

　B、有時

　C、很少

3、被上司指責會讓你感到無地自容嗎？

　A、經常

　B、有時

　C、很少

4、會因為身體的不適而懷疑自己有重病嗎？

A、經常

B、有時

C、很少

5、你對辦公室裡人與人之間的敵意很敏感嗎？

A、經常

B、有時

C、很少

6、你會耿耿於懷以前收到過的傷害嗎？

A、經常

B、有時

C、很少

7、你想到過報復某人嗎？

A、經常

B、有時

C、很少

8、你覺得報復是必要的嗎？

A、經常

B、有時

C、很少

軟能力
你的職場致勝法寶

9、你覺得自己受到了不公平待遇嗎？

A、經常

B、有時

C、很少

答案

「A」選項居多──職場寬容度很低

你很容易惱怒，記住，你遭受不公平待遇的實際情況很可能並沒有傷害到你，倒是你自己的情緒在一步一步把你逼入死胡同。

「B」選項居多──職場寬容度較低

你不會當面跟人「翻臉」，但是你會記仇，伺機報復。記住，籌畫報復只能讓你浪費更多的精力，最後不過是兩敗俱傷。

「C」選項居多──職場寬容度較高

你不會被他人的錯誤而帶來情緒上的困擾，但是與此同時你也要注意是否讓人誤解你太不在乎。

04.

不要想當然

隨便一個想當然，都會讓人犯錯誤。

真是糟糕的一天！

欣容還在反覆回憶週末聚會上的某個令人愉快的細節，前腳還沒踏進公司大門，一陣急促的手機鈴聲響起，是老闆，欣容的心沉了一下。

「今天開會需要的東西準備好了嗎？」老闆的語調很不客氣。

「週五中午我已經發到您的信箱裡了……」欣容定了定神，小心翼翼的回答。自從跳槽到新東家，欣容就發現這裡的老闆很不好對付。

「週末我在外地辦事沒有回來，妳發到我信箱裡了為什

麼不跟我打個電話說一聲？好，我這就去查收，以後不要再犯類似的錯誤。」老闆不等欣容解釋，急忙就掛了電話。

「以前公司裡的老闆都會定時查收郵件的，沒看郵件就朝我發火，真是沒道理，肯定週末老闆過的不愉快，所以找我遷怒。」欣容自言自語，慶幸這只是虛驚一場，還好週五加班把老闆要的東西做好了，要不然今天還不知道要出什麼狀況呢。

欣容的屁股還沒坐到凳子上，老闆的電話又來了：「資料和圖示很詳細，很好，但是開會要用，最好做成PPT，以便有更直接的認識，趕在中午開會之前做好。」

開什麼玩笑，貿易公司的部門經理就是負責做PPT這樣的小東西？那麼多業務上的想法根本沒辦法從簡單的PPT上表現出來！欣容已經被老闆的兩次電話弄的心煩意亂了，為了趕時間，心有怨氣的她隨便找了個簡陋的範本應付了事。

不就是個PPT嗎？需要費那麼多心思去做嗎？再說了，有內容才最重要，PPT做的天花亂墜也不能提高銷售業績。欣容理直氣壯的把自己都看不順眼的PPT檔傳給了老闆。

開會的時候，欣容如坐針氈，因為老闆的臉色越來越難看……

「沒關係的，我是新人，我是女生，老闆不會把我怎麼樣的，頂多會後說我兩句吧。」欣容懷有僥倖心理的自我安慰。

　　沒想到，老闆沒等會議結束，就指名道姓的指責起欣容：「工作態度根本就不認真，處理問題太草率……我看妳這個部門經理還不如一個普通員工呢，真不知道妳的履歷是不是偽造的……」

　　欣容的黑色星期一最終是躲在公司廁所裡，以痛哭流涕結束的。

　　欣容沒搞清楚，老闆的兩個電話之所以那麼急切，正說明了該會議的重要性，所需的文件當然是不容馬虎的。員工不屑一顧的東西也許正是老闆最看重的，不管怎麼樣，你得把你的工作表現在老闆交代的任務裡——最起碼你要搞清楚，自己是在為誰工作。

　　再聰明的人也可能在不經意之間弄錯老闆的意思。比如說，老闆交代任務的時候說要快，而欣容卻認為快就是可以不重視品質，那麼最後帶來的災難後果自然非常可怕。

　　大部分時候，人與人處於不同的溝通平台，如果每個人都想當然按照自己的想法，按照自己習慣的方式與人溝通，

軟能力
你的職場致勝法寶

往往會產生雙方不滿意的結果。

「想」的當然只存在於當事人的腦子裡，來自於一些以往的經驗，也有一些固有的觀念，而實際情況卻不是以「想」為基礎的。員警想當然，不進行實際調查取證，就會抓錯疑犯；醫生想當然，不詳細檢查化驗，就會搞出人命；隨便一個想當然，都會讓人犯錯誤。

欣容犯了兩個「想當然」的錯誤，一是用之前公司的習慣處理現在公司的工作——這讓老闆把欣容當成一個沒有職業素養的「新」人；二是用自己的想法來應付老闆的意思——這讓老闆確信欣容缺乏基本的職業道德。

當你覺得對方應該是這樣想的時候，不妨去向對方確認一下吧！

 能力培訓

> 當這些話從你嘴巴裡說出來的時候，毫無疑問，你就是在「想當然」：

★「我不知道。」——上司和老闆在詢問你一些工作情況的時候，你實話實說。問題在於，他們會認為你對工作不滿也不在乎，哪個上司和老闆會喜歡一問三不知的員工？他

們想聽的是你對工作的瞭解程度以及你的工作熱情，謊言不明智，但迂迴的避重就輕可以讓雙方都滿意——「目前我瞭解到的情況是……具體問題我這就去核實一下。」

★「我還沒做完。」——當有人催促你工作的時候，你確實分身乏術。問題在於，老闆和上司會懷疑你的工作能力，主管只要結果，而你給不出結果，後果就是你在主管心目中留下辦事拖遝的風格。正確的回答——「現在已經做到……還有 XX 時間就能完成。」回答的時候越具體越詳細，就越能讓主管知道你的賣力程度，既然你已經盡力，自然無可挑剔。

★「我已經跟他們說了，是他們……」——職場中經常遇到類似的狀況。明明安排下去的工作，下屬無法完成或是漏洞百出，但你的上級當然會認為是你的問題。正確的做法不是替自己開脫，而是保持「團隊精神」——「我們已經嚴格按照上級的指示來處理了，有些具體的情況還有待於完善。」

★「不是我的錯。」——部門之間的協調失敗，是導致整個工作無法進行的瓶頸。

完全的推卸責任並不能讓你從指責中脫身，反而留下一

個「推三阻四」的不合作精神，難說主管不拿你開刀。正確的說辭——「我們在一些問題上還無法達成一致，需要一點時間來平衡相互之間的利益。」言外之意就是上面的命令還不夠強硬，下面的工作自然很難進行，眾矢之的當然不是你。

05.

沒想好，就寫下來

文字溝通的能力不可限量。

　　同樣的話題，在不同的人看來，效果就不盡相同甚至截然相反。比如加薪，是每個員工最希望與老闆討論的，而老闆卻往往避之不及。如果你討論的問題恰好是對方不喜歡面對的，溝通效果便可想而知了。

　　仕豪所在的這家公司連續兩年營業額飛快成長，而與此形成鮮明對比的是員工的加班時間延長了，薪資卻沒有相應提高。大家不滿情緒越來越強烈，於是幾個重要部門的經理和員工聯署上書找到老闆談加薪仍舊未果。

　　幾個「高級」人才則選擇了另外一種更為直接的方式——當面找老闆對峙，談的還是加薪，結果依然是老闆先說敬

業精神，後說大的金融環境欠佳，總而言之，就是加薪沒門。

據知情人說，幾個「高級」人才早就抱有不加薪就辭職的決心，於是當場與老闆唇槍舌戰了半天，各持一詞，最終差點動了手。

持續了數月的「薪水」事件影響到的不僅是幾個人才的流失，更為深遠的就是人心不穩。

仕豪也對這種每週工作七十小時卻只拿四十小時薪水的待遇深感不滿。但與此同時，仕豪也理智的考慮了前因後果。辭職的成本巨大，且未來不可知的因素太多；跟老闆談加薪，確實費力傷神……前車之鑑不可不鑑。

本來就不善言辭的仕豪最終還是擬了一份「辭職報告」，用 Email 發到了老闆的信箱裡。在報告裡仕豪先列舉了公司發展過程中個人的成長，其實也就是仕豪做出了成績，後說了當下的一些個人經濟困難，最後還附上了一個同行業平均收入的調查表……整篇下來，「加薪」的字眼一個都沒出現過，可是仕豪的卓越能力卻顯露無疑。

老闆不是傻瓜，在整個軍心不穩的情況下，自然沒有「恩准」仕豪辭職，更是私下給他加了薪。沒有劍拔弩張的衝突，沒有語言上的不和，仕豪如願以償。

文字溝通的能力不可限量，面對很多職場敏感的問題，當面談的效果往往不及白紙黑字。其中被過濾掉的正是個人的情緒和態度，更讓人覺得有理有據，更理性。

聯名上書談加薪會讓老闆認為是有組織有預謀的集體造反行動，不會輕易讓步；當面爭取，有可能帶有個人情緒，利益紛爭搞不好就變成了互相指責的口角或是暴力行為，老闆也不會屈服的。

用事實說話，用資料說話，仕豪充分使用了這種書面語言。

加薪升職可以用書面語言來談，其他棘手的問題也一樣可以讓書面文字來替你說話。面談時，有可能透過表情洩漏天機；打電話，難免語塞。而郵件永遠不會，郵件也是最職業的公務交辦手段，它可以絲毫不帶感情色彩，可以做到有效溝通或是善後的工作。

意見不合，沒必要跟老闆當面爭執，你可以事後用一個有「證據」的郵件來讓雙方都下台；產生分歧，沒必要在會議上與人爭論，你能用書面證詞來緩解彼此間的隔閡……

郵件、檔案、會議記錄、備忘錄——這些都是溝通中不可或缺的手段。但必須知道，凡事都有兩面性，在你運用文

字的時候，也要知道「銷毀罪證」的保密工作也不可少。否則，寫的東西一旦洩漏，被大家傳誦，問題也就隨之而來了！

切記！切記！

運用書面語言溝通的技巧：

◆郵件

★郵件的標題要讓人一看就知道內容

★郵件的內容若很多，最好有小標題分解

★公務郵件後最好加上「免責聲明」，以避免不必要的麻煩

★休假時使用自動回覆

★不要隨便轉發郵件

★及時刪除郵件，避免洩密

◆筆記

★養成隨時記錄的習慣

★會議筆記要標明日期

★通訊錄要備份

★定期整理待辦、已辦、正在辦的工作

★開會前把要講的重點記錄下來，一頁紙記不完的，剩下的下回再說

♠便條紙

★談重要的工作前先在便條紙上列重點

★把備忘的便條紙貼在一眼就能看到的地方

★私事便條紙不要貼在辦公室

軟能力
你的職場致勝法寶

06.

不要故意取悅上司

有時是用自己的熱臉貼了對方的冷屁股。

　　玉倩剛剛被指派到新成立的分公司工作，為了給大家留一個好印象，她比要求的上班時間早到了半個小時。沒想到她的頂頭上司來的比她還早，正在那裡瀏覽當天的財經報紙。

　　玉倩連忙幫上司沖了一杯咖啡，端過去，大大方方的問：「最近的股市怎麼樣？」主管抬頭冷漠的看了她一眼，便沒特別說什麼話。

　　整整一天玉倩都很沮喪，心裡在猜測到底自己做錯了什麼，讓上司如此不屑搭理自己。

　　相信很多年輕人都有過許多類似經歷──急於討好上司，結果用自己的熱臉貼了對方的冷屁股。類似玉倩上司這樣的

人，是一個沉默寡言，不太喜歡愛表現自己的人，玉倩又沖咖啡又搭訕的做法恰好在上司的「字典」裡被定義成了「輕浮」和「不踏實」，自然對她沒有好臉色。

所以比較穩妥的方法應該是，不要貿然和你並不熟悉的上司套感情。不妨先從側面多瞭解一下對方的脾氣性格或是喜好，起碼要做到大致知道他是一個怎樣的人。

玉倩失敗在無準備之仗，碰了一鼻子灰，而俊偉則是跟上司太熟悉了，也觸到了暗礁。

俊偉得知自己和經理是同鄉並是校友之後，在經理面前明顯的放的很開了。同樣年輕的經理也樂得跟下屬打成一片。但是漸漸的，俊偉有些得意忘形了，不僅當著其他同事的面跟經理稱兄道弟，有一次竟然當著客戶的面，拿經理的私事來開玩笑。不久後，公司裁員了，而俊偉成了部門裡唯一一個被裁掉的人。

在職場與人相處，是件很微妙的事。時間、空間、身分關係的改變，都會導致遠近親疏的變化。俊偉忽略了上司與下屬之間應該保持的人際距離，破壞了身為主管所必需被尊重的心理氛圍。

一味的討好和奉承上司不可取，周圍的人對你產生敵意；

反之，跟上司不分你我，導致的後果更嚴重，上司的尊嚴都受到了挑釁，你說他還能坐視不管，任你在「太歲」的頭上隨便動土栽花嗎？

能力培訓

不用馬屁，就能讓上司喜歡你的祕訣：

◆留意上司的舉止，並模仿為自己的動作

相同的肢體語言可以在語言之外拉近人與人之間的關係。如果你上司是個說話喜歡用手勢的人，或是傾聽的時候喜歡傾斜身體，那麼請你適當的借鑑，並表現在你身上，這會讓上司在不經意間對你產生好感。

◆留意上司的腔調，並使之成為自己的腔調

學會用對方的音頻和語速來溝通，是人際交往中很重要的技巧。如果你上司的語速很快，肯定對下屬的唯唯諾諾會產生反感，相反，如果你的上司喜歡優雅的對話方式，那麼你的粗聲大氣一定會讓上司沒耐心聽你的解釋。

◆留意上司注意的細節，並保證自己在該細節上不出錯

一個不容易發現的細節很可能毀掉你之前的努力工作，給上司留下糟糕的印象，且不易改變。如果你的上司是個有

潔癖的人，那麼你凌亂的辦公桌和皺巴巴的外衣絕對不要出現在他的視線裡；如果你的上司是個對文字很挑剔的人，那麼你最好在遞交文案的時候多檢查幾遍錯字。

♠留意上司的品味，並儘量縮小差距。

穿衣風格當然是品味的表現，但是切記不要機械的模仿或是有搶風頭之嫌。適當的模仿品味，可以讓上司和你變的比較親密，比較有共同語言。

♠與上司保持同步性。

上司說話的時候喜歡與人保持目光接觸，上司開會的時候把手肘放在桌子上，上司表現出焦急的目光……請你照做，這表示你與他在保持一致性，正在受到他的感染。需要注意的是，不能太過，否則讓上司覺得是你在操縱他，很可能就要壞事。

巧妙的利用沉默

沉默是金。

　　勝元和隆信最近的關係變的比較微妙，之前他們既是工作上的好搭檔，又是生活中的好友。論資歷，論能力他倆不相上下，所以在辦公室主任離職後，到底該讓誰晉升的問題的確讓經理很傷腦筋。競爭面前人人平等，勝元和隆信誰也不想放棄機會。

　　經理先單獨找到勝元，說：「公司經過反覆的考慮，決定讓你來當辦公室主任，怎麼樣？年輕人，有沒有信心？」

　　之前勝元也曾絞盡腦汁的想過各種晉升的可能，當美夢成真的那一刻，心花怒放的勝元還是有點飄飄然了，嘴巴變的分外靈活了起來。從公司的現狀到未來，勝元侃侃而談，

經理也聽的頻頻點頭。

「隆信這個人的能力也不錯，你覺得呢？你升職後會重用他嗎？」經理貌似無意的提到了另外一個競爭者。

為了迎合經理，為了表現自己的大度，說：「是的，他的能力很強，無論從哪個方面來看都具有優勢，我會重用他的，雖然他有點小毛病，但是我還是一如既往的從大局著想……」

心情大好的勝元還東拉西扯了很多他跟隆信之間發生的趣事，逗的經理捧腹大笑……

一週後，任命正式下來，結果卻讓勝元跌破眼鏡——隆信當上了辦公室主任。

事後勝元才瞭解到，經理找他談話後也單獨跟隆信談了。

勝元對此斷定隆信一定是在經理面前說了他的壞話，才讓經理改變了初衷，讓自己到嘴的鴨子飛走了，於是不服氣的勝元還是私下又找到經理詢問。

「你想知道隆信說了什麼嗎？」經理知道勝元的來意後，反問。

「是的！我相信您不會聽信某些不切合實際的小報告的……」勝元義憤填膺。

「隆信什麼都沒有說，他聽到你任命的消息後，他沉默了。」

「那您為什麼改變之前的決定？」勝元瞪大了眼睛，迷惑極了。

經理頓了一頓，意味深長的對勝元說，「年輕人，話是攔路虎啊。」

沉默是金似乎是一句老生常談，在這個提倡彰顯個性，處處在講溝通的時代，顯得有點格格不入，在身不由己的職場裡，說的多，說的好，有時候不見得就比沉默更有效。

隆信知道，在被經理告之自己的競爭對手獲勝後，大講對方的壞話是於事無補的小人伎倆，損人還不利己；同樣的，大力稱讚公司的英明或是對手的能力，也是一眼就能被人看穿的假話。

說好說壞，都不妥，於是他選擇了沉默，而這種穩重的精神正好反襯了勝元的浮躁和輕狂，經理改變之前的選擇也是明智之舉。

在職場打拼，沉默不是特效藥，但是適時的選擇沉默，也是一種有效的溝通手段。

對於顯而易見的分歧，如果你不選擇沉默，很可能就造

成雙方都在氣頭上，火上澆油，問題得不到解決，反而傷了溝通的初衷。

上司已經分身乏術的情況下，你不選擇沉默，還要提出某些改善意見，會讓已經就焦頭爛額的上司趁此遷怒，你無疑是在引火焚身；薪資的不公開；加班的牢騷；工作的不滿意……這些問題上如果你不選擇沉默，就是暢所欲言讓心理舒服了，而遭殃的就是你的職業生涯。

 能 力 培 訓

> 想知道你是否選擇了正確的沉默之道，做做以下的小測試。

♠關係很好的同事發了一封郵件給你，內容是他即將離職的消息，對此你的反應是：

A、事不關己，還是繼續埋頭做自己的事情。

B、打算下班後單獨找同事聊聊，問他辭職的原因。

C、立刻起身去問同事。

D、同樣用郵件回覆同事，在郵件裡詢問原因。

選 A——沉默指數★★★★★

你信奉少說話多辦事的信念，所以你在辦公室裡是值得被上司信賴的員工之一。但是要注意沉默的技巧並非凡事都不開口，否則就容易給人留下冷漠的印象。在一些關鍵的問題上適當發表意見才能讓平時的沉默更顯示重要。

選 B——沉默指數★★★★★

你有很好的自制力，你能管理好自己的嘴巴。你之所以選擇沉默並非處於「老謀深算」，而是因為你在搞不清楚狀況的時候一種本能的保護反應。很可能在本能支配下，你會因為過分的沉默失去一些很可貴的機會。

選 C——沉默指數★★★★★

你根本不知道沉默的力量，雞毛蒜皮的問題都能成為你在辦公室大談特談話題的人，請注意，如果你不能管好自己的嘴巴，你的職業前程將會毀在你的口舌之快中。

選 D——沉默指數★★★★★

你懂得選擇機會發表言論，但是容易在情緒失控的情況下說出不經過深思熟慮的話，無意中得罪他人，所以你需要改進的就是說話「慢」半拍，多想想，再開口。

溝通：
別人聽得懂
我說的話嗎？

第

3

課

「善於溝通」是每個企業用人的一條規定，百分之百的員工都會覺得自己又不是啞巴，只要會說話，就是會溝通。可是工作的時間越久，你就會不知不覺發現這些鬱悶的牢騷如刺在喉：

「那傢伙剛愎自用，他根本不肯聽聽我的意見。」

「我已經全都跟他說了，他怎麼還會做錯，真不明白。」

「素質太低，根本聽不懂我說什麼！」

……

你說的夠多了，但是你全心全意為公司著想提出的建議老闆不會採納！你事事詳細交代下去的工作同事還是要出錯！

難道你說的是外星語言？還是你的老闆和同事都是聾子？

不！問題不出在這裡！說話不等於溝通，你說的話別人聽不懂，只是你一廂情願的說，根本就沒通！

你怎麼老聽不懂

———— 錯把毒藥當補藥。

　　凱琪所在的公司是一家規模不大的私人企業，行政人員很多都是身兼數職的全方位人才。上了一年多的班以後，凱琪覺得這種沒有休假的工作和自己的薪資並不成正比，心裡暗暗有點著急，再看看身邊的其他同事，很多人倒是對這種沒有加班費的加班樂在其中。

　　難道是他們的薪水比我高很多，所以才安心於此嗎？凱琪覺得奇怪，但又不好打探對方的薪資，只好決定私下跟老闆談談。

　　凱琪躊躇著不知道該以什麼樣的方式開場的時候，老闆倒是先打破了僵局，非常熱情跟她描繪了公司未來幾年的發

展和規劃，還推心置腹的跟她說了一些公司內部的資金預算和盈利。

正當凱琪想說出自己的希望的時候，老闆話鋒又一轉，史無前例的表揚起凱琪來，說她的敬業精神可嘉，說她的工作能力可圈可點。

公司有盈利，個人表現又良好，凱琪以為接下來老闆給自己調漲薪水應該是沒什麼問題的事情。可是說到最後，老闆始終也沒開口說到薪資的問題，只在最後補了一句：「凱琪，公司對妳這樣的人才是不會虧待的，妳要努力哦。」

談話結束後，凱琪心中憂喜參半，雖然眼前加薪的目標還沒落實，但老闆會不會是在暗示將來等做出成績後為自己升職呢？於是凱琪又任勞任怨的幹了大半年。直到凱琪看加薪升職無望後，已經提交辭呈後，才從一位老員工的那裡瞭解到老闆談話的真實含義。

老員工幫凱琪分析：「老闆的意思哪裡是要給妳升職？他是說公司栽培了妳，對妳的待遇已經很不錯了……」

凱琪如夢初醒，既後悔自己錯把老闆的鼓勵當成了升職承諾，白幹了大半年；又慶幸自己懸崖勒馬，沒有一直等下去。

高高在上的老闆有時候會跟底下的員工放「煙霧彈」，分辨不清會讓人搞不清楚方向。跟客戶打交道更是如此，因為客戶的想法會關係到你的業績，業績就是工作能力，聽懂了其中的「暗喻」、「明喻」，才能把工作進行的有頭緒。

做了數年市場推廣工作的柏翰對此深有感悟。

送禮物給一些客戶代表是一種業務溝通的方式，送的好就等於工作完成的好，可是每個客戶的喜好不同，這也讓柏翰頗費苦心。

有一次柏翰遇到一個比較難纏的客戶，幾經推敲送了三樣高檔的禮品出去，結果都被對方退了回來。柏翰以為這是一個不習慣收禮的客戶，眼看找不到方向，生意就要吹了，柏翰猛然想起該客戶在聊天中有談起想去某渡假勝地休假一事，於是死馬當活馬醫，送去了兩張旅遊券。

果然對方欣然接受，而這家客戶也順利搞定。

收禮本來就是不可明說的「灰色」地帶，欲言又止，有看似無心的一些對話，很有可能就暗藏玄機，如果不細心不留意，這些機會就會白白流走。

在職場，聽的懂話並非易事。老闆要考慮自己的威信，說出的話充滿堂而皇之的官腔；同事要考慮既要自保又要推

卸責任，說出的話模稜兩可；客戶要考慮自得利益和公司形象，說出的話暗藏玄機。

只聽字面意思，只從自己的角度去解讀，按照表面現象去完成工作，當然會錯誤百出，對方根本不是這個意思，不懂弦外之音的人註定是個聽不懂話的傻瓜。

你有沒有錯把毒藥當補藥來聽呢？這些表面看起來無比美好的讚美之詞，其實在職場裡，是「毒藥」，下次聽到這樣的話，千萬別高興的太早，先想想對方究竟是真的在誇獎你，還是拐著彎給你意見呢。

補　　藥	職場毒藥解讀
工作能力出色	目前為止還沒有犯大錯
社交能力強	能喝酒，能拍馬屁，能跟上司做桃色交易
觀察能力強	喜歡打小報告，喜歡傳播八卦
思維敏捷	喜歡鑽漏洞，犯錯會找藉口推卸責任
忠誠踏實	沒有能力跳槽到更好的地方
有個性有特點	脾氣糟糕，不善於溝通協調
為人隨和	可以隨便被炒魷魚
獨立工作能力強	沒人合作
口才好	誇誇其談，沒有實際能力

02.

別浪費你的耳朵

你有沒有用心在聽。

　　莉芯在客服部做主管已經多年，職業素養使之習慣與客戶和下屬之間形成良好的溝通氛圍，把工作進行的十分順利，很快的，他的出色成績被公司上層看到，覺得才幹非凡的莉芯待在客服部有點委屈，遂將其調到更為重要的商務部做主管。

　　雖然調到了商務部，但還是在一個辦公室內工作，客服部的很多新人還是會找莉芯，來徵求這個老主管的意見。莉芯沒想到自己幫老部下服務的好心在新客服主管那裡就成了「狗拿耗子多管閒事」的舉動，懷恨在心的新主管很快就在總裁那裡擺了莉芯一道，說她越權干涉客服部的工作。

對此，莉芯一無所知。

直到有一天總裁把莉芯叫到辦公室，將一份客服部的報表摔在桌子上：「這是妳手下幹的吧？看看出了多少錯？！」

莉芯不敢出聲，認為總裁一定是忘記了自己已經調離客服部的事實了，於是一邊等總裁發火，一邊在心裡暗暗喊冤，沒有注意到總裁接下來怒火中燒上的過激言辭。

「一個主管的工作，除了主管本部門的團體協調外，還需要的是合作精神，但並不是說兩個三個部門可以搞成一個部門，如果那樣的話，還有必要任命那麼多主管來拿高薪嗎？」總裁旁敲側擊，希望不敢出聲的莉芯能有所覺悟。

莉芯不知道有人已經告了自己的「狀」，堅信總裁的發火根本就是年紀大了把部門搞混淆了，以上的部門管轄權的問題她完全沒有聽出來……

「今天就這樣了，以後下不為例。」總裁的暴風驟雨終於過去了。

「她是客服部的，不是我的下屬。」莉芯等總裁發完火，才委屈的解釋道。

莉芯沒想到，總裁一聽更生氣了：「妳還知道自己是商務部的啊？不管你哪個部門的，都是你在管，你的能耐是不

是太大了點？既然要管，怎麼還出了漏子……」

「……」莉芯無言以對，除了感到鬱悶外，更後悔起自己剛才的辯解，真是越描越黑。

事後莉芯才從側面瞭解到內幕，冷靜下來仔細一想，才發現自己只顧考慮情緒問題，忽略了總裁談話中看似不相干的內容，如果當時自己能拋開先入為主的認識和內心的不滿，認真聽出「關鍵字」，而不是把其當成某種借題發揮，應該不會犯下如此的錯誤。

人都有自己的想法，希望透過溝通，透過陳述，讓他人來聽自己說，而與此同時卻捨不得把自己的耳朵騰出來。尤其是在情緒的干擾下，在某些先入為主的觀念引導下，傾聽就變的更加困難了。所以莉芯這樣善於溝通的人也會犯下聽不對話的錯誤。

據心理學試驗證明，90%的人都存在在聽的過程中丟失資訊的問題，75%的人在聽的過程中又丟失了重要的資訊，更可怕的是35%的人聽到的和對方說的根本就是南轅北轍。

想想看，當上司交代任務的時候，當同事討論方案的時候，當客戶提出要求的時候……只有10%的人聽到全部的訊息，還有35%的人卻會按照「道聽塗說」犯下嚴重的錯誤。

可以這樣說，90%的情況下，人們都沒有在用心傾聽，浪費了耳朵的基本功能。

 能 力 培 訓

傾聽分五個層次，對照一下你在聽的過程中的表現和得到的訊息量，看看你的耳朵是不是在退化：

♠耳邊風

表現：低頭做自己的事情；目光渙散想其他事情；兩眼無光在發呆……

訊息量：0%

溝通指數：★★★★★

交流結果：首先你不尊重他人的發言，既浪費了自己的時間也浪費了他人的時間，談話無法進行，甚至會引起對方的不合作甚至是敵意。比如上司的冷漠，同事的迴避，客戶的抱怨。

♠灌耳風

表現：眼睛會不時的盯著說話者；心裡卻想著其他事；偶爾會點頭或是發出「嗯……」「啊……」的敷衍詞語……

訊息量：10%

軟能力
你的職場致勝法寶

溝通指數：★★★★★

交流結果：如果是透過電話，對方可能並不知道你的態度，但是在面對面的交談中，你的態度會被人識破，同時你聽到的內容並沒有形成交流的氛圍，這種應付了事的「聽」會讓你丟失大量的資訊。

♠過濾耳

表現：間歇性的打斷對方；只聽與自己相同的觀點；與自己意見相左或自己不關心的話語就被直接過濾……

訊息量：30%~50%

溝通指數：★★★★★

交流結果：你會給對方留下自以為是的傲慢形象，你不想聽或是不願意聽的那部分資訊裡很可能是你最缺乏的資訊，比如你是一個主管者，那麼你的屬下的某些不怎麼順耳的話再三被你過濾，後果就是真實資訊將從此遠離你的耳朵，你的決策為此會出現重大的失誤。

♠專心聽

表現：盯著說話者的眼睛；對一些內容做出重複性回答或是提問；做筆記……

訊息量：60%~80%

溝通指數：★★★★★

交流結果：接受過某些「傾聽」和「交流」技巧培訓的人員都基本能做到傾聽，也就是專注的聽對方說話，透過積極主動的回應，讓提供資訊者產生「他在傾聽」的感覺，以便提供出更多的重要資訊。但是這種程式化的交流很可能只停留在字面意義上，也就是聽「全面」了，至於很多字面之外的含義，則存在一定的誤解。

♠通感聽

表現：像鏡子一樣反射出說話者的表情；感同身受⋯⋯

訊息量：80%~100%

溝通指數：★★★★★

交流結果：和對話者產生心理上的共鳴，而不僅僅只停留在字面和資訊本身，耳朵的功能和心理感受同步，在聽的過程中完成交流的更深層次的意義。這種傾聽會讓說話者有被接納的感覺，才是真正意義上的交流。比如說話者的表情的言不由衷、感情上的變化、甚至是謊言，都會被傾聽者察覺到。

變則通

心中的固執並非真的有道理。

　　專案經理安排宇豐做一份公司的宣傳企劃案，全專案部經過討論後，宇豐完全按照專案經理的意思加班，並順利完成企劃。但是，當企劃案交到副總那裡時，他卻被狠狠罵了一通。

　　宇豐實話實說，這方案是他們小組所有人討論的結果，更重要的是項目經理也非常贊同，這個企劃案的多半建議都是按照項目經理的意思來完成的。副總以為宇豐是在推卸責任，於是直接把專案經理叫來，當面對質。副總追問專案經理：「聽說這都是你的想法，就這種東西還能叫方案，還值得你們那麼多人來集體策劃？」

從副總的辦公室出來後，宇豐又被專案經理批評了一頓。經理告誡他，以後說話前動點腦子，別一五一十把什麼都說出去。可是宇豐認為，自己沒有說錯什麼，更何況他說的都是實話。

老實的宇豐如果沒有把說實話當準則，那麼他完全可以用一句：「我們是新人，可能誤會了經理的意思，所以做的不完善」來自保，來給上司留面子……最起碼也能少挨一次罵。

如果說宇豐的「標準是非」觀念讓他成了受氣包的話，那麼阿蓮則因為一句話，多花了冤枉錢不說，還給人留下了「斤斤計較」的壞印象。

阿蓮從事市場公關工作，一次同事阿鐘無意中的一句話，冒犯到了阿蓮。眼裡容不得半點沙子的阿蓮就認為阿鐘處處和自己做對，至此連話都不跟阿鐘說，更別提工作上的合作了。

後來阿鐘要跳槽離開公司，碰巧阿蓮的電腦硬碟出了故障，以前的客戶資料全部丟失，她知道阿鐘的電腦中有個備份，可是拉不下面子去求阿鐘，怕人家看自己的笑話，於是花了一個月的薪水請人恢復硬碟資料。

沒想到，負責認真的阿鐘在臨行前已將一張光碟塞在她的抽屜裡，裡面有老客戶的資料，還有些新客戶的聯繫方式……

　　每個人每天時時刻刻都會遇到溝通問題。到公司見面打招呼是溝通，和朋友、客戶相互發電子郵件是溝通，上下級、同事之間，部門與部門、公司與公司之間都離不開溝通。溝通成功和失敗的原因是什麼？很多時候人們做事情只注重事物的客觀道理（也就是自己認為是對的道理），但往往容易忽視對方是否能接受自己的道理。

　　固執並不可怕，可怕的是處處都固執。宇豐認為說實話的固執；阿蓮認為一句話不和就翻臉的固執；甲認「看不順眼者不往來」的固執；乙認「興趣不同者不接近」的固執；丙認「話不投機者懶得說」的固執；丁認「違反公司規定就該千刀萬剮」的固執……人人都用自己習慣使然的固執去溝通，去工作，去辦事，後果可想而知。

　　所謂靈活變通與彈性的溝通，跟滑頭性格與做事沒有原則是扯不上邊的。因時制宜，在某種特殊特定環境之內，以他人能接受的方式說話，一同協商出最好的可行方案，這就是所謂彈性交流。

分明前方已經改了道，此路不通，偏偏要照舊時那個法子把車開過去，這不是堅持原則，而是腦子有問題。更何況某些人心目中的固執並非真的有道理。

　　人與人之間，尤其是在工作中出現了問題的時候，一般很不容易溝通，因為利益受損的人非常情緒化。

　　變通精神，在溝通中需要，在協調中需要，在做任何的工作中都需要，因為變通是尋求協調解決事情的好方法。

 能 力 培 訓

測試你具有變通精神嗎？

♠早上起床後發現快遲到了，你匆忙出門趕往公司，突然你的肚子開始抗議——你沒吃早餐，這個時候，你該怎麼辦？

　　A、時間來不及，不吃了！

　　B、路過公司的時候買一份點心，等中間有空的時候吃。

　　C、吃飯重要，吃完了再去上班。

　　D、不怕，辦公室抽屜裡隨時準備有可充饑的糧食。

**答案**

選擇 A——凡事都不具備變通精神的人

典型的一條道走到底，走到懸崖，都不回頭的人。誠然這種精神可嘉，在某些領域會做出令人側目的成績，但是在人際交往上很可能會吃虧，吃大虧。別人會認為你是個以自我為中心，難以溝通的人，跟人緣人脈相關的機遇在你面前就會繞道而過。

選擇 B——在目標和野心上不具備變通精神的人

對自己要求很高，很有競爭意識，但是苛求完美既成就了你的工作，也讓你活的不快樂，你的人際關係顯然因此受阻，過分強勢的人，會讓你看起來雄心勃勃，充滿攻擊性。無意間你的身邊會樹敵。

選擇 C——太善於變通的人

變通一旦過了火，就成了沒有底線沒有原則，隨隨便便。你對人對己都不苛求，所以你的人緣很好，可是真的遭遇問題的時候，誰也不會想起你的存在。

選擇 D──在情緒上不懂得變通的人

你的頭腦靈活,可以應對一定的變化,但是你的情緒會影響你的判斷力,適當的時候對考慮一下對方的感受再試圖溝通,或者嘗試避免在情緒失控的情況下開口,效果可能會很好。

04.

什麼場合說什麼話

說者無心，但是聽者有意的人卻大有人在。

　　士賢原來所在的廣告公司前景不佳，於是便跳槽到了另外一家公司。工作了半年以後，士賢才發現到現實和自己的想法有著很大的差距。雖然兩家廣告公司的性質差不多，新公司名義上規模更大，但是關於員工待遇，竟然還不如原來的小公司。

　　逐漸士賢心生悔意，但又不好意思再回去舊公司，於是在幾次無薪加班後，當著其他同事的面，抱怨起公司的福利不佳，懷念起老東家：「以前我們公司加班不但有加班費，業績的獎金很高的，同事之間關係特別融洽，大家經常一起出去 K 歌……」

不是冤家不聚頭，兩家廣告公司竟然在競標同一個項目，更湊巧的是讓對方得標了，這下全公司的人，從主管到同事無一例外的都認為士賢是「內鬼」，肯定私下竊取了消息提供給了那家公司，雖然公司沒有真憑實據，但士賢已經淪為了公司裡的邊緣人物，不得不考慮再次跳槽。

口無遮攔的士賢吃著新東家的飯，卻還懷念老東家的菜香，同一行業裡的競爭難說沒有交集，不出問題則已，一出問題，之前的無心之語，反倒成了他人話柄。懷念曾經的歲月會壞事，批評當下的難題一樣會遭殃。

老闆交給阿琪一個艱巨的任務，並跟她事先聲明：「這件事難度大，妳敢不敢承擔，敢不敢接受挑戰？」。

阿琪猶豫了一下，她認為在公司眾人中，老闆主動找她徵求意見，說明老闆器重自己，不接受等於是不給老闆面子，是自己不爭氣，所以阿琪咬了咬牙就接受了這個案子。

由於老闆給的期限較短，阿琪的確沒能按時完成任務。結果因為此事阿琪遭到了老闆批評，並受到了經濟處罰。

可是她感覺非常委屈也很氣憤，既然任務這麼艱鉅，做不完本來就是預料中的事。自己已經盡力，老闆批評有理，可是實在不該還有處罰，這不是打擊工作的積極性嗎？

事後，阿琪有意無意的跟身邊同事都這麼抱怨。不久之後，老闆又給她新任務，還好，有了上次的經驗，阿琪完成的很不錯。正當阿琪滿心期待的等著老闆嘉獎自己的時候，老闆又把一個難度更大的任務交給他。並嚴厲的說：「能做就做，做不了也不要逞強，我這裡不養幹不了事還牢騷滿腹的人。」

辦公室就是辦公的地方，有些不該說的話就不能說。工作間的閒聊，可以緩解工作壓力，增進同事之間的感情，閒聊的過了火，說了不該說的話，尤其是「公私」不分的話，後果就是滋生是非，禍從口出。

阿琪這樣的倒楣蛋很多，明明只是一句無意的抱怨或是可有可無的牢騷，但是幾經周折，傳到老闆的耳朵裡，就等於是給自己找麻煩。

能力培訓

辦公室最不該說的話			
話題	標誌性開場白	可能產生的影響	應對辦法
私生活	「我剛離婚……」 「我交的朋友……」 「我家的親戚……」 「我認識老總……」	說好的方面，人家以為你在炫耀；說不好的方面，只能落的被他人嘲笑。	沒有人詢問就儘量不說關於「我的……」，如果有人問及，處於禮貌可以適當用中性詞有選擇的回答，但不是全盤托出。

辦公室最不該說的話			
薪水	「這個月你的獎金是多少？」「我的績效被扣了，你的呢？」「去年的獎金你們部門是多少？」	薪資保密是大多數公司的內部成文或不成文的規矩，破壞規矩的員工往往是提前被炒魷魚的那一個。	「和你差不多（一樣）。」是一條通吃的回答，當被他人告之薪資後，可以如此敷衍，如果對方都沒有先說，你大可放心，用：「公司規定這個好像保密吧。」來杜絕再次被騷擾。
公司八卦	「公司要裁員……」「制度可能要變更……」「老闆外面有情人……」	既不能對此類話題充耳不聞，因為你會失去一些你需要的資訊，也不能表現的過於熱衷，否則當事人會誤以為你是散佈謠言的罪魁。	聽了就忘，別放在心上，更別再傳出去。
野心	「我的理想……」「我要當……」「我想跳槽到……」	醒醒吧，你不是在幼稚園或小學給老師表演你學會的新語句，這些「宏圖大志」只會樹敵，或是被人瞧不起。	不說理想，只說具體工作「明天我計畫完成……」「下個月我想把某個方案做出來……」
抱怨	「我以前的公司……」「老闆的脾氣真糟糕……」「你們不覺得薪水太低了嗎？」	抱怨者自己的心理會覺得很釋放，但是被人傳出去你的飯碗就不保，或是降低個人信譽度。	別人抱怨的時候，可以聽，但自己的抱怨只回家跟老婆或朋友說，實在不行，找個樹洞也很安全。

05.

眼前最重要的是什麼？

所有的事絕對都有輕重緩急之分。

　　湘怡是外商公司銷售部的副總監，意外懷孕後她跟老公商量了一下，覺得自己年紀也不小了，應該保留這個孩子。於是在孕期4個月的時候就回家休養去了。離開前，她和往日要好的幾個同事吃了告別飯。整個假期裡，她都擔心自己的職位即將不保，於是透過電話頻繁的和同事進行溝通和聯繫。但是關於工作，大家都心照不宣的閉口不談，聊天的內容都是家常話。

　　至於湘怡最想談最想聽的問題，還是從同事的嘴裡說了出來，公司最近要進行常規改組，為了配合新產品部門的營運，人員將有所調動。

湘怡心裡一緊張，連忙和一些老客戶通了電話，這幾個月間的進出口情況都問了個清清楚楚。放下電話，湘怡鬆了一口氣，認為客戶方面尚且穩定，職位的事情不該會有大的變動。

　　可是當她休完產假回到公司的時候才發現，周圍全是陌生面孔，去問上司，得到的答覆是，她所在的小組已被拆的七零八落，有人留在食品部，有人去了人事部，還有人去了新營運的香料部當主管……唯獨湘怡位置沒變，但已經被完全架空。

　　泰和是辦公室裡的「消防員」，無論哪個同事手裡的工作出現了問題，「SOS」的消息就會第一時間出現在泰和的電腦上「天啊，怎麼辦？」「你快過來看看！」「快點來幫我一下！」「這個單字是什麼意思？」「我把備份搞丟了，你傳給我一個！」……

　　人緣超好的泰和經常需要加班才能完成自己手頭的工作，因為往往他手頭的工作經常會被「SOS」打斷，需要一而再再而三的重新啟動自己的工作熱情。雖然大家都很喜歡泰和，可是一遇到加薪或是升職的好事，老闆卻從來沒有想到過他。

　　私下老闆也聽到了不少關於泰和的好話，可是面臨資金

緊縮需要裁員的時候，泰和拖拉的辦事效率還是出現在了老闆的腦海裡……

乍看之下，湘怡是因為懷孕這檔子事毀了事業，泰和是因為太熱心耽誤了自己的工作。但實際上，他們犯的錯誤是一樣的——湘怡和泰和都是沒有分清楚重點對象。

湘怡知道懷孕會影響職位，她刻意維繫著與同事和客戶的關係。沒錯，同事可以無形中充當湘怡不在職期間的工作「眼線」，客戶也可以保持她潛在的能力。但是，關於職位的這個重要問題，他們說了都不算。

湘怡「漏」掉的最重要的人，最需要在休假前充分溝通的人，是她的上司。所以她對公司發展情況一無所知，老闆對於這種毫無「團體感」的員工，能有多大的期待呢？妳懷孕了，妳走了，還不跟我好好說清楚，那就別怪我不考慮你的感受。誰知道妳生產完會不會帶走客戶集體跳槽呢？

泰和的好心沒有錯，同事的忙，能幫就幫，沒什麼壞處，好處卻是泛泛的好人緣，可是好人緣並不能當飯吃，尤其是幫別人忙的同時，耽誤了自己的本職工作，這種忙不幫也罷。

老闆用的是高效率的員工，不是好好先生。

跟錯誤的溝通對象溝通的再多，浪費掉的是電話費和口

水，但與事業無益；把主要的熱情燃燒在非本職工作上，浪費掉的是自己的時間和老闆最看重的工作效率。

 能 力 培 訓

職場溝通前不妨先給自己列個溝通計劃，分步驟看看自己有沒有搞清楚輕重緩急。

♠第一步：我要跟誰說？

只跟能解決問題的人說。（老闆能給你加薪升職，就跟老闆談；上司能拍板最終決定，就跟上司談；部門經理能解決協調事宜，就別浪費口水在下面人身上……）

♠第二步：說什麼？

語氣、措辭、要點分別是什麼，你都說到了嗎？（別受情緒或是其他事情的干擾，把你想說的都列舉下來，看有沒有疏漏。）

♠第三步：說的目的？

目的要明確，說完以後是否能達到目的？（如果達不到目的，還不如不說。）

軟能力
你的職場致勝法寶

♠第四步：該什麼時候說「不」？

影響到眼前最重要的事情的就要說「不」。（老闆的要求你完成了嗎？客戶的回覆你做好了嗎？手頭的工作處理完了嗎？這個時候有人讓你分心，你就要說「不」。）

♠第五步：非說不可嗎？

只說現在最需要解決的問題，其他的能放就暫時不提及。（用「急需」、「待辦」、「延後」等，將問題分成不同等級分別處理。）

06.

把「我」換成「他」

人生是不公平的，習慣去接受它吧。

　　阿蓉大學畢業後到一家公司做宣傳工作，由於大學時候學習的就是企劃，阿蓉很快就因工做出眾而備受老總重視，經常在開會上對她這個剛進入公司沒多久的菜鳥進行表揚。阿蓉受到鼓勵，躊躇滿志，擬定了一系列的宣傳方案，準備再接再厲。

　　但是沒過多久，她就發現自己總是遇到一些工作之外的困擾。她所在部門的經理似乎總有意跟她過不去，今天說：「妳昨天下午怎麼遲到了，以後注意！」明天批評：「大家都在加班，妳怎麼提前走了？」

　　明明辦公室裡還有其他新人，可是經理總有意無意的把

軟能力
你的職場致勝法寶

很多不該阿蓉完成的事情交給她去辦，最讓阿蓉鬱悶的是這些事情並不能提高能力，全都是在「打雜」的工作。

對於經理的刁難，阿蓉不以為然，她的工作是向副總負責的，因此很多工作上的事情她直接找副總，不透過劉經理。她認為，如果再向劉經理報告，不僅沒有作用，還浪費時間，降低辦事效率。更何況經理反正看自己不順眼，與其自討沒趣，不如直接跳過。

阿蓉兢兢業業地工作，誰知道三個月試用期一到，就在她信心滿滿地等待轉正職通知時，卻來了人事部委婉的辭呈：試用期不合格，請另謀高就。阿蓉意外地被這家公司解雇了。

有人比喻主管是「貓」，下屬就是「鼠」，那麼在這場具有明顯的敵對位置中，下屬員工——「鼠」就處在劣勢，即便「犧牲」也不過是正常的自然規律。於是，我們便會自然而然地認為，所有職場人事暴力的來源都歸罪於該死的「貓」——主管者。

主管者喜怒無常、百般挑剔，所以員工才會小心翼翼的在夾縫中求生存。畢竟大家要工作，要賺錢，要糊口。

可是，問題全出在「貓」身上嗎？

不妨換個角度來思考這個問題——阿蓉的上司這隻「貓」

為什麼總跟阿蓉過不去呢？為什麼沒有激起其他「老鼠」的不滿，讓自己成為人神共憤的對象，而只單單阿蓉一人被解雇？

答案其實很明顯：

上司在這個公司裡待的時間長，有所建樹，有一定的人脈，否則不可能升職到經理的位置。但是所有的上司都畏懼或是警惕一種「老鼠」——初生牛犢不怕虎、雄心勃勃的新人菜鳥。他們或許能力出眾，表現的不錯，但是從來不把「貓」放在眼裡。比如阿蓉，她的工作成績和越級報告的習慣都說明了這個問題。

當然，上司也用自己的方式警告過阿蓉：挑剔其實就是在告訴阿蓉，別把部門經理不當主管，我還能管著你呢。

很可惜，阿蓉沒有聽懂經理的話。下屬只站在自己的角度去揣摩上司，覺得高高在上的主管是不可理喻的，而主管則用自己的方式去「管理」著下屬，但是雙方的地位決定了這種各自都有理的想法導致了溝通的失敗。

有人說過「人生是不公平的，習慣去接受它吧。」換在職場裡該是「職場是不公平的，習慣去適應你的主管吧。」

不要犯阿蓉這樣的錯誤，主管再不對，你也要表現出起

碼的尊重。因為他是貓，你是鼠，有朝一日你成功坐到貓的位置上的時候，你會最先「獵殺」那種老鼠呢？

 能 力 培 訓

與「他」（上司）相處的安全警示：

♠明確定位

無論你做什麼說什麼都要明確一點，「他」是你的上司，你要尊重其權威。不要自己手裡掌握著所謂真理，就可以在公眾或私下挑戰其權威。

♠按照「他」的思路

你的上司是一個什麼樣的人？如果你的上司很固執，最忌諱的就是把你的觀點直接明確地告訴他，而要採取「迂迴」戰術，透過各種例子或事實來暗示。如果你的老闆是一個與你的價值觀完全不同的人，要尊重他的價值觀。

♠公司利益」是「我」與「他」的共同點

如果「他」不贊同你的觀點，錯誤很可能出在你的一廂情願上，如果想讓「他」接受和採納你的建議，那麼不妨想想自己如果在他的位置上會怎麼做。永遠把公司利益考慮在個人利益之前，會讓「他」更容易與你達成一致。

07.

我只是一部分

團體利益比個人利益重要。

威佐之前在別家網路公司做的還不錯，只是因為跟老闆的脾氣不和而最終跳槽。後來因為其技術不錯，又有工作經驗，被另外一家新成立的小公司高薪聘請了過去。

拿著高薪，受到器重的威佐想腳踏實地的做出一番事業來，好讓以前的公司老闆知道「小看」自己的代價。

半年過去了，威佐果然不負眾望，在工作中表現突出，技術能力得到了大家的認可，每次均能夠按計劃、保證品質地完成交代任務。在別人手中的問題，只要到了威佐那裡，十有八九都可以迎刃而解。公司對威佐的專業能力非常滿意，於是任命他做了該公司的軟體發展部主管

剛剛升任主管的威佐有些得意忘形了，他開始對周圍的同事表現出了輕視的態度。雖然不是很明顯，但足以讓人覺得不舒服了。就在此時，公司有意把剛剛接到的一個大的軟體發展項目交給威佐所在的部門。時間緊迫，壓力陡增。可是正在這關鍵時刻，躊躇滿志的威佐卻步履維艱了——他的下屬根本不配合他的指令。

當威佐在例會上宣佈工作計劃的時候，下面的員工卻提出要加班就要換休的意見；當威佐把自己連夜籌備的新預備案拿給大家的時候，下屬卻找出各種理由推翻威佐的奇思妙想，說難度太大無法完成……眼看最後期限就要到了，而威佐的軟體開展案改了又改，毫無頭緒。

倍感無力的威佐找到老闆，說出了自己的苦衷，希望老闆緊急調撥一批「精兵強將」為威佐所用。沒想到老闆卻反問威佐：「你覺得你現在手下的人都是無用之才嗎？」

「我想他們可能太年輕了，沒有經驗，所以管理起來特別吃力，他們缺乏敬業精神。」威佐想了想，回答到。

「那你的意思就是我們公司聘用的都是‘蠢材’了？」

「不，我不是那個意思，我是說他們……」威佐被老闆的反問搞的措手不及。

「他們，他們？他們不是你的手下嗎？讓你做主管的意思是什麼？不就是因為你有工作經驗嗎？他們就是新人，所以才讓你來管理的，如果你沒有這個能力，公司憑什麼給你這份薪水？主管是做什麼的？如果你不能建立自己的團隊，那你就不配坐在這個位置上。」老闆很不客氣的回絕了威佐的請求……

當員工說企業缺乏人性化管理的時候，當下屬抱怨上司決斷錯誤的時候，當經理發牢騷下屬不配合的時候……這些話都只說明了一個問題——當事人根本沒有把自己當成企業的一分子來看，總是認為公司團體或上司的利益侵害到了自己的利益，「我」的重要性被忽略了，「我」很生氣，後果很嚴重！

員工和上司、部門和部門、同事和同事，溝通的時候最容易出現的問題就是各自只從自己的角度出發，只看到自己的利益，於是相持不下，各自為政，工作難以進行，計劃難以實施，問題永遠得不到解決。為什麼團隊精神常常被企業提及？就是因為它永遠與自我意識相違背，所以很難實現！

威佐的個人能力很強，所以他希望自己的部下各個都跟自己一樣。但這是不現實，如果每個人都有如此的能力，憑

什麼威佐一個人拿高薪任高位呢？威佐的錯誤就在於，只重視個人感受，忽視了下屬的感受，且把自己從自己的團隊中分離出來，一說就是「他們」。可想而知在這種認知下，威佐的主管能力又從何談起呢？

個人能力是很重要，越是個人能力卓越的人，越容易走上主管職位，做管理者的工作，這種以個人為中心的思維對管理工作來說，並非是好事。說穿了就是缺乏知人善任的能力（威佐把自己當成優秀的人，而把下屬當蠢材）；說真的，就是沒有顧全大局，根本不配當個管理者。

記住，無論你的能力多大，你的職位多高，你永遠是企業的一個分子，頂多是比較重要的分子，否則老闆很可能「丟帥保車」。

 能 力 培 訓

> 隨時隨地都要讓老闆看到你的團隊精神：

★對新人或新主管表現出你的真誠接納。

★積極參加公司內部的所有活動，哪怕某個活動是你最不擅長的。

★無論工作內外，你都要考慮他人感受，你的語言，你的行為如果是讓他人不爽的，那麼就必須要改。

★當公司面臨困境，或同事遭遇不幸，你需要及時表示出忠心或是鼓勵。

★由衷的欣賞你的競爭對手，哪怕他「贏」的並非光明磊落。

★不喋喋不休的抱怨上司或是公司，不一味指責下屬，如果自己錯了，也要及時說「對不起。」

自我：
我覺得我是對的？

幹一份活，拿一分錢。

老闆給的薪資和福利都不盡如人意，為何我們還要早起摸黑加班拼命？工作那麼難搞，又不是我一個人的問題，我又何必苦口婆心的去跟同事協調斡旋？是人都有脾氣，他先招惹我的，我怎能坐以待斃甘當別人的出氣筒周圍的人都在混日子，我又不笨為什麼不能跟著他們一起摸魚偷懶？

……

公司不夠意思，老闆不夠意思，大環境不好，我當然順勢而為，又不是我的錯。如果你有了這樣的「順應時勢」的想法，或已身體力行之，你是沒錯，但是當老闆的想炒你的魷魚，他也沒錯。

我沒錯啊！

你非要他們認錯，這樣對你而言有什麼好處？

　　翊萱連續丟了兩份很不錯的工作。認識她的人都知道，她的職場之路走的相當不平順，不是遇到專業不對盤的問題，就是遭到小人暗算，而這兩次更是因為跟老闆產生了衝突而被炒魷魚。

　　翊萱的老闆在給客戶的郵件中發現了幾個錯誤，客戶找到身為負責人的翊萱質問，翊萱除為客戶解釋外，立刻如實報告給老闆。

　　她不是想找老闆的碴，而是想善意的提個醒，以防止下次再出現類似的情況。可是萬萬沒有想到，老闆聽了之後，非但沒有承認錯誤，更沒有體諒翊萱的好心，反而倒打一記

回馬槍，硬是把責任都推到翊萱身上，故意當著辦公室其他人的面，大聲說：「下次注意，別再犯這種錯誤了！」

翊萱嚇了一跳，眼淚在眼眶裡轉了幾轉，覺得自己一向做人做事的準則受到了挑戰——可以吃苦，可以流汗，但是就是不能受冤枉，於是怒火中燒下，回敬了一句：「做錯事的明明是你，別把錯誤往別人頭上扣！」

話音沒落，翊萱就有點後悔了。辦公室的氣氛突然變得很沉寂，所有人都屏住了呼吸，老闆的臉色鐵青。不出所料，第二天，翊萱的桌子上就出現了解雇信。

丟了工作雖然令人鬱悶，但翊萱認為自己沒錯。

翊萱受夠了本土老闆的「官僚主義」，憑藉良好的外語能力和豐富的工作經驗，找到一家外商公司做事，她認為歐美人的風格比較大氣，老闆一定不會指鹿為馬。

沒想到，這次藍眼珠的老闆同樣是個愛面子的人，犯了常識性的錯誤卻死不悔改，翊萱又偏要跟老闆辯個清楚。老闆面子上掛不住，只好撂下一句狠話：「I'm your boss！」這句話不但沒有讓翊萱的偃旗息鼓，反而讓她得寸進尺，找到了絕妙的必殺技：「你是 boss，所以做錯了就要承認，要不就不配當 boss！」從這句話開始，情況急轉直下。

軟能力
你的職場致勝法寶

老闆也被激怒了，跟翊萱大吵起來。不過，翊萱的攻勢實在太豐富，中英文齊上陣，眼淚道理軟硬兼施，最後老闆終於認錯了……

　　可是老闆認錯了，結局是翊萱又一次被辭退。因為有能力的人到處都是，他沒必要養一個成天跟自己作對，連老闆都不放在眼裡的員工。

　　翊萱堅信自己是沒有錯的。但其實翊萱大錯特錯了。老闆終究是老闆，面子和威信對他們很重要。翊萱以為他們不清楚自己做錯了嗎？只是他們不能在下屬面前承認。如果翊萱幫他扛下來了，他會感激、信任翊萱，日後會加倍回報她。

　　在與他人溝通中，人們都認為自己是對的，對方必須接受自己的意見才行。當老闆犯錯了，當同事犯錯了，當客戶犯錯了，當事人「我」自然覺得自己有理走遍天下，可是對方就是不認錯，怎麼辦？

　　據理力爭？曉之以情動之以理？破口大罵？……直到對方被說的丟盔棄甲，俯首認錯為止？

　　那麼後果就是你的英明正確無敵，但是卻丟了飯碗，跟翊萱一樣。

　　有一句廣為流傳的順口溜這樣調侃──「老闆絕對不會

錯。如果老闆有差錯，一定是我看錯。如果真是老闆錯，也是因為我的錯才導致老闆的錯。如果老闆真的錯，只要他不認錯，就是我的錯。如果老闆不認錯，我還堅持說他錯，那是錯上加錯。總而言之，老闆絕對不會錯。這句話絕對不會錯……」

做人沒必要太執著，誰沒有犯錯的時候？跟老闆如此，跟同事如此，跟朋友家人亦如此。難道對方有了錯，你非要他們當著別人的面認錯，把自己的面子丟光你才高興？這樣對你而言有什麼好處？

讓別人認錯並非明智之舉，別人會因為顏面和尊嚴的問題，與你產生溝通的障礙。老闆會辭退你、同事會排擠你、客戶會放棄你、朋友家人會遠離你……你還說你是對的嗎？

只要不違反道德法律，不涉及生死，一些小的錯誤，你能採取適當的方式提醒別人很好，但如果做不到，忽視它又有何妨？

你是願意死抱著自己的「真理」過活？還是磨平棱角換取他人愛戴和錦繡前程？

能力培訓

做個小測試，看你是否具有「職商」，應對他人的錯誤。

♠如果你遭受到不公正的評價，你會怎麼處理？

A、避免發火，暫時不說什麼，不與他人發生正面衝突，等待讓事實說話。

B、保持冷靜，馬上認錯，等負面情緒過去後，找當事人說清楚。

C、直截了當的指出對方的錯誤

D、等對方闡述完，冷靜地提出恰當的問題，引導對方逐漸認識到我沒有錯。

答案

選擇A──沉默中滅亡的類型

你沒有認錯，但是你的行為讓人誤以為你已經默認自己的錯誤，因為有時候事實不會站出來替你說話。

選擇B──猥瑣的類型

你是想給對方留面子，但是你的尊嚴呢？先承認，再狡辯的出爾反爾的行為會讓人覺得你不是個光明磊落的正人君子。

選擇C──直接翻臉的類型

你缺乏耐心，你連對方的話都沒有聽完，怎麼可以就直接打斷？這讓人覺得你粗魯，就算真理掌握在你手裡，你也會失去寶貴的人脈關係。

選擇D──聰明的類型

你既堅持了自己的立場，又沒有失去他人的信任。

應對「我沒錯」的情緒失控妙招

無論你有錯沒錯，失控的情緒都會讓你的言辭行為站不住腳，下次當你覺得委屈或是被冤枉的時候，用以下幾個方法息怒：

★閉嘴──憤怒情緒發生的特點在於短暫，「氣頭」過後，衝突就較為容易解決。當別人的想法你不能苟同，而一時又覺得自己很難說服對方時，閉口傾聽，會使對方意識到，聽話的人對他的觀點感興趣，這樣不僅壓住了自己的「氣頭」，同時有利於削弱和避開對方的「氣頭」。

★降低聲音──降低聲音和減緩語速可以讓你在不自覺中控制情緒，同時讓你的話語更具有信服力。

★**身體後傾**──面對面如果靠的很近，就會超越人與人之間的安全距離，讓人覺得充滿敵意，適當的後傾，可以讓雙方都感到舒服。

　　★**調整呼吸**──最原始，最簡單，最常用，也是最有效的息怒方式，當你屏氣調整呼吸幾分鐘以後，你就會發現，「怒火」已經不在了。

培養抗挫性能

老闆不是你的父母，可以寬容你的一再犯錯。
同事更非你的知心好友，可以隨時考慮你的情緒，
體會你的感受。

清理完銀行的信用卡催款單，明瑞知道自己再玩這種拆
東牆補西牆的遊戲已經不切實際了，他已經失業半年，沒有
收入來源，沒臉回家聽父母嘮叨。

找個什麼樣的工作呢？對此明瑞也毫無頭緒，只是習慣
性的在網路上瀏覽一些招聘資訊，徒勞的發著履歷，而眼看
就要「斷糧」了，似乎一切都把他逼迫到了絕境。

老實說，明瑞不是那種好吃懶做不思進取的人，他有過
4年的工作經歷，大學學的也是頗為吃香的英語系。四年工

作中他在不同性質的外商合資公司工作，跳了三次槽，前後分別做過翻譯、總經理助理、採購、行政人事專員職位。

四年的經歷對於很多職業人士來說應該能獲得專業上的累積，要嘛已經加薪，要嘛已經升職，最差的也不過待在原地不動，拿著固定的薪水，然而，明瑞卻是陷入困境。

明瑞也曾不止一次的反省自己，每次跳槽都來的那麼匆忙，不是跟辦公室的阿貓阿狗發生了爭執，就是跟主管鬧了彆扭，仗著自己還年輕的本錢，遞上辭呈說走就走。

要是當初再堅持堅持，說不定就走不到這一步了，本來那些「雞毛蒜皮」的事沒什麼大不了，時間會抹平一切，再說了，自己的能力和專業技能還是挺出色的。

痛定思痛的明瑞下定決心不再因小失大，不再魯莽，所以甘心透過面試進入了一家規模不能與之前相比的小公司，從頭做起，因為缺錢。

日子一天天過去了，帳單逐漸還清了，雖然明瑞的工作做的還算不錯，可是他依舊無數次萌生了跳槽到更大公司去發展的想法──公司的前景不佳，老闆給的薪水低廉，可是壓在自己身上的工作卻一點也不少，老闆很多時候商量都不商量就分派給他很多職責之外的工作，一旦因為時間關係或

是流程不順暢，出現哪怕是個小小的問題，老闆的指責就會如同雨點般的襲來，這讓明瑞倍感壓力。

好不容易按照老闆要求把工作做好了，同事之間源於嫉妒的白眼也會刺痛明瑞的心。做的好與不好，似乎都沒好日子過。

明瑞不想回到失業後潦倒和帳單過不去的日子中，但之前的決心卻隨時隨地被現實踐躪的無法堅持。跳槽吧，還沒找到合適的下家，繼續待著，卻又看不到曙光，心情極度壓抑。

明瑞生怕自己哪天又會故態復萌，在老闆發火中，在同事挑撥下，控制不了自己的情緒，把辭職信摔在老闆辦公室的桌子上，拍拍屁股走人。在這種不上不下的狀態中，明瑞覺得很困惑。

崇尚自由，關注自我，把工作當遊戲，無法忍受來自工作的壓力，看不慣老闆的臉色，受不了同事之間的競爭，大不了就辭職的人，是無法適應社會的「草莓族」。

明瑞正是這種抗壓抗挫能力極差的「草莓族」中的一員。他們成長在大環境較好的時代，從小受到的關懷很多，照顧的很仔細。看起來或衣冠楚楚，學歷或許很高，能力也還不

錯，就跟草莓一樣，看起來「秀色可餐」，可是輕輕一碰、一壓，就會走了型，變了色，根本不具有「持久性」。他們的「保鮮性」更差，稍不留神就會「腐爛」，所以在職場裡混的很是不如人意。

工作不是遊戲，沒有那麼多眼花撩亂的情節吸引你繼續「闖關」，也沒有闖關獎勵等著你。老闆不是你的父母，可以寬容你的一再犯錯。同事更非你的知心好友，可以隨時考慮你的情緒，體會你的感受。

「玩」下去的動力、唯一動力只能來自於你自己。你想繼續做，就會做的好，你如果因為一點小小的不如意想辭職，誰也不會攔著你。

在這家公司受不了可以跳槽，可是性格不改，就算跳到另外一家，你還是受不了。生活本身就是殘酷的，公司用你是因為你能產出價值，而你只把工作當成糊口的工具，並沒有想盡辦法提升你自己的價值，你工作只為了發薪水，所以薪水低了，你不滿意；老闆發火了，你覺得委屈；同事關係處理不好，你又感到不適應……

你沒有找到自己工作的真正目的，所以路途上隨便一個坑洞就能讓你產生放棄，重新選擇一條路去走的想法，因為

你根本不知道自己要去哪裡。

　　讓工作越變越開心的方法只有一個——增強自己的耐受力，別動不動就覺得壓抑。如果你能學會抵抗壓力，那麼這個職場就沒有什麼能讓你覺得畏懼！

 能 力 培 訓

> 　　如果你符合以下特徵的三種以上，很不幸，你就是職場中的「草莓族」！

★凡事喜歡用「我……」開頭說話

★以自我為中心思考問題

★喜歡追求個性，討厭與眾相同

★不知道缺錢的是什麼滋味

★月月光，錢全花在自己身上

★不喜歡看主管的臉色

★聽不得批評的語言

★為了一句負面的評價會失眠

★工作壓力大的時候會哭訴

★討厭合群

★一年內跳槽經歷三次以上

草莓族的自救生存法則

♠制定職業規劃

可以找專業的機構幫助自己完成系統的職業規劃，也可以根據自己的實際情況，為自己制定短期的計劃，無論是薪資上的還是職位上的，都要在「我想要……」的後面備註出「我有……」才能讓你放棄那些不切合實際好高騖遠的「理想主義」，當你看清楚自己擁有的和未來要達到的，你就不會再為一點點的不盡人意而自怨自艾。

♠學習自我減壓

工作中不如意的地方很多，有時候你已經盡全力了，而老闆和同事並不滿意，你壓抑的情緒會讓你變的消極怠工，形成職業生涯中的惡性循環。不要為了一件事，或是一句話耿耿於懷，學會為自己開脫，或用運動出汗發洩鬱悶，或找死黨諷刺老闆的穿著都可以，只要能讓你感到舒服，第二天上班的時候，你會發現昨天的煩惱已經消失了。

♠工作中找樂趣

興趣和樂趣是讓人持久在某項工作中的法寶，雖然你的工作不是你的初衷。只要全心全意投入到工作中，哪怕一點

小小的成就都會讓你獲得額外的成就感，這是薪水無法物化的。但你不努力，就失去了獲得快樂的機會。

♠學會分享分擔

個性和群體並不完全衝突，如果有人取得成績，送上祝福；當有同事遇到困難，你伸出援手……久而久之，你就發現，你的個性會得到群體的認可，那種受人歡迎的感覺也很不錯，也是能讓你不隨便跳槽，前功盡棄的好方法之一。

軟能力
你的職場致勝法寶

誰是情緒污染源？

我們無法逃離到一個沒有情緒污染的環境中，
除非遠離人群。

　　佩儀和副總的關係很不一般，副總是直接管轄業務部的，
而佩儀又恰好是業務經理，兩個年齡相仿，性格相投的女人在
一起，總有那麼點惺惺相惜的感覺。她們經常一起討論拓展方
案，一起出差，見客戶。也常常在下班後聊些私密的話題。

　　佩儀覺得自己和副總之間公事上配合的很好，私交也不
錯，這在職場上是非常難得的，她很珍惜這份友誼。

　　但事情並非如人願總往好的方向發展，前不久副總跟丈
夫鬧不合，於是上班閒暇下班時分，佩儀有意無意的充當起
副總的「垃圾桶」，副總今天說丈夫的問題，明天說孩子又

不聽話了，後天又開始抱怨工作壓力大的喘不過氣……弄的佩儀不知道該如何面對，礙於情面，只好默默承受，自己又不懂得如何開導，只好陪著副總一起沮喪起來。

再由副總想到自己，佩儀不免暗暗的擔心，怕自己有朝一日升到副總的位置，也變成如此這般兩頭難的「女強人」，後來慢慢的對工作也失去了往日的激情……

才轉正職不到半年的藍思提交了辭職信，老總以為這是年輕人心高氣傲所導致的不安於現狀。但無論從哪個方面來看，藍思都很出色，於是委派部門經理私下找她談了一次話，希望能用最少的代價，為公司挽留人才。

經過經理一番推心置腹的開導，藍思猶豫再三，還是說出了離職的原因，這在辭職報告上是沒有提及的。

原來藍思對工作本身毫無怨言，對公司的薪資和待遇都非常滿意，唯一的問題是辦公環境讓他感到不自在。

「提前聲明我不是想說他人的壞話，也不是因為我太龜毛，這實在是太讓人感到不愉快了。我周圍的同事裡有人正在談戀愛，常常手機訊息提示的『叮咚』聲就會響起。更讓人難堪的是，某些情意綿綿的電話也會傳到我的耳朵裡，這讓我根本無法集中精力工作，規定時間完成不了，我只有回

去加班……我很尊重有些前輩，經常向他們請教，可是他們對工作的諸多抱怨也會同時塞給我，讓我事後想起來不免有點信以為真，害怕自己做久了也會跟他們一樣……」藍思把憋了很久的話都說出來了……

佩儀和藍思都是受害者，都是辦公室裡情緒污染的受害者。情緒污染無處不在，在辦公室裡老闆的臉色、上司的咆哮、同事的牢騷、客戶的抱怨會讓我們心煩氣躁，打斷我們的思路，破壞我們工作狀態，讓工作效率一降再降，甚至久而久之失去了最為可貴的工作熱情，覺得工作沒意思。

於是佩儀選擇了坐以待斃，藍思選擇的倒是乾脆，直接辭職走人。

正如我們無法迴避環境污染一樣，因為我們不能生活在真空中，我們無法逃離到一個遠離情緒污染的環境中，除非遠離人群。但人是社會性的，更何況我們離不開工作，所以也就註定離不開受到他人情緒病毒的傳染。

就好比病毒須跟體內的細胞結合，才能附著生長進而危害生理健康一樣，情緒病毒也必須以某種途徑和我們的心理因素結合，才能發揮影響「毒害」到我們。所以，被周圍（上司、同事、客戶）的負面情緒困擾時，不妨反省一下自己的

免疫力，只要免疫力夠強大，就能既與情緒污染共存——學會面對他人的情緒病毒，又懂得管理好自己的情緒不受影響，自然就能安心的完成自己的工作，快樂的工作。

導致佩儀傳染病毒的根源在於，她與副總之間的處於一種上下級和友誼並存的混亂中，所以工作內外都會容易感染對方的負面情緒，不妨選擇工作中避免提及生活，生活中勿談工作的理智方法。

藍思選擇離職是不明智的，畢竟換到一個新環境中，並不能杜絕情緒污染。正確的做法是適當的提出自己的異議，比如跟發簡訊打電話的人委婉的指出該行為已經影響到正常的工作；對滿腹牢騷的人不要表現出過分的傾聽熱情。辦公室裡，彼此之間的關係就是工作關係，僅此而已。

 能 力 培 訓

提升職場情緒污染的免疫力

1. 對於上司的遷怒、發火

任何一個人的工作職責內都沒有為上司負面情緒埋單的義務。所以當上司無端的怒氣發在了本不該受氣的人身上，輕則會覺得不滿，重則一紙辭呈就了斷了自己在該公司之前

的付出。

你可以當成耳邊風，也可以私下咒罵上司，或者用巫毒娃娃洩憤……只要你還想繼續在這家公司工作，而且你想做的更好的話，那麼就要儘快找到發洩的出口，然後該幹嘛幹嘛，因為換到另外一個東家，甚至有可能比現在這個更糟。

2. 對於上司的情緒低迷

容易感染到士氣不振，環境壓抑，工作效率降低，思維受阻。如果事不關己，可以充耳不聞，也許很快就過去了，不必杞人憂天；如果私交很好，可以找適當的時機幫上司分擔，這是一個與上司拉近距離的好辦法，但是要注意，如果關係到隱私的問題，則不可不慎。

3. 同事的牢騷、不滿

容易降低工作滿意度。就算是謊言，說了一百遍，也有可能會變成真。所以要理性的分辨對方的牢騷，信以為真有可能會導致你先辭職，繼續傳播有可能會讓你背黑鍋。最佳的做法是每次談及此事，不必表現的過於熱衷。

4. 男性同事老愛開黃腔

讓女性感到尷尬，渾身不自在，降低工作效率和團隊精神。如果周圍的人都表現的很興奮，可藉口有工作暫時離開，如果周圍的人都一直覺得反感，不妨結成聯盟，下次這類語言再出來的時候，大家都可以表現的比較冷漠。

5. 女性同事老愛談家事

「我家老公……」「我家孩子……」「柴米油鹽又漲價了……」這類雞毛蒜皮的牢騷根本就不適合辦公環境。

「哦，你看，我手裡的某某檔案還沒有做好，我們下來再說。」是比較委婉的方式。如果你表現的很願意傾聽，那你的情緒活該受到污染。

6. 面對客戶的指責、難纏

百般挑剔的客戶會讓人產生對工作的厭倦感，喪失職業熱情，降低職業成就感。客戶就是上帝，哪怕你不信教。所以盡可能表現出熱情和耐心，直到把最難纏的客戶都搞定，之前的不愉快就會煙消雲散了。

軟能力
你的職場致勝法寶

沒人愛看你的臭臉

你的情緒是屬於你自己的。

　　振剛在一家公司兢兢業業的幹了10年，期間大部分時間都是從事一些很基層的工作，直到去年公司重組，老闆終於幡然醒悟，看到了振剛的成績和忠心，再加上中層管理者確實不足，所以提拔他做了業務部經理。薪資翻了不止三倍。

　　可振剛的喜悅感卻很快被沖得煙消雲散。接二連三的工作計劃讓振剛開始感到吃力。雖然他對下面的所有工作流程都非常熟悉，但是一時間要開始統籌辦理，還是很傷腦筋，再加上重組後的部門之間的權責並不明確，下面的員工有新有老，互相還不怎麼契合，導致了整個工作被一壓再壓。另一頭，老闆可不考慮有什麼具體困難，只要求從振剛那裡看

結果。

振剛整日愁眉緊鎖，忙的不可開交，希望儘快達成老闆交代的工作，做好工作，才對的起老闆開出的薪水，對得起自己之前的付出，坐穩這個管理職位。卻沒想到屋漏偏逢連夜雨，正在振剛忙加班、忙計劃、忙協調的時候，家裡的長輩又生了病，住進了醫院，之前振剛的妻子就跟母親處不好，這下母親和妻子都把怨氣出在了振剛身上，說他眼裡只有工作，根本沒有家的概念。

腹背受敵的振剛一忍再忍，還是打算把手裡的工作理出頭緒，再給家人一個交代。

可是工作進行的越來越不順利，一些負面的消息傳到振剛的耳中。有底下的員工說他太嚴肅嚴厲，不懂得人性化管理；有同級別的經理說他小人得志，一副傲慢相……

有苦難言的振剛只好默默忍受著這一切，想用事實來說話。他覺得員工「懼怕」他，是好事，證明他確立了威信；其他經理不服氣，也從側面反映了他的能力確實構成了他人的威脅，證明他有競爭實力。

一次老闆出差回來，連夜召集部門級別的會議，詳細詢問各個經理關於工作進度。一看老闆的臉色不佳，很多經理

報告的時候都小心翼翼，格外注意措辭，基本都是報喜不報憂，眼瞅著老闆的眉頭稍微舒展了一些，問到了振剛。

工作家庭兩頭「燒」的振剛，昨天晚上剛剛加了班，氣色很不好，一臉的苦瓜相，當然一五一十的把受阻的工作狀況詳細的報告了出來。

「每次都是這樣！看到你，我就擔心你根本無法做好這個工作，每次報告都是這也是問題，那也是問題，要沒有問題，我找你來幹什麼！？」老闆終於發飆了。一旁的其他經理的臉上寫著的除了幸災樂禍，還有遠離「火源」後的慶幸。

振剛終於因為無法率領團隊完成工作，被降回了原來的職位。最令他感到鬱悶的不是自己的能力不佳，而是頂替他職位人無論從學歷、能力、還是經驗上都不如他，更讓他覺得寒心的是，底下的人卻很配合新經理完成工作。

以前振剛最為賞識的一位員工還跟新經理說：「振剛就是那副德性，我們再努力加班，他都是一張撲克牌臉，誰還願意用熱臉去貼他的冷屁股嗎。」

不幹服務行業，有必要「賣笑」嗎？不是為了討好他人，有必要有好態度嗎？不是老闆身邊的馬屁精，有必要淨挑好聽的說嗎？在職場上，除了看人臉色，更重要的就是不要給

別人臉色看。無論你的家裡出了天大的事，這跟工作無關；無論你承受的壓力有多大，工作有多煩，這還是你的工作。你擺出一副臭臉，只會讓他人誤解。

振剛為什麼得不到下屬的支持，同事的理解，老闆的讚賞？就是因為他的臭臉，讓人對他敬而遠之，本來工作就夠鬱悶了，幹嘛還要去看他那張從來沒有希望、友好、順眼的臭臉？

試想，你滿心期待的趕工了幾個晚上，精心策劃出來的案子，交到上司手裡的那一刻，上司臉上烏雲密佈，一番冷言冷語，挑盡你的毛病，你還有熱情繼續執行第二次計劃嗎？哪怕上司說的不見得都是錯的。

你充滿友好的跟剛順利升職的同事打招呼，對方一臉漠然，你還會對他的工作足夠的配合嗎？哪怕你知道這個人天生不善言辭，沒有惡意。

你作為一個主管，每次看到下屬都是垂頭喪氣的樣子，你還對他的工作能力產生信任嗎？哪怕這個人之前的成績令人矚目……。

是的，你的情緒是屬於你自己的，但是你把負面情緒都寫在臉上，只會讓人退避三舍，產生不信任，產生誤解，甚

軟能力
你的職場致勝法寶

至產生敵意。

喜怒哀樂是人之常情，尤其在工作中，每天都會遇到令人不快，足夠鬱悶的事情。工作環境並不是一個私人化的地方，你的苦悶不會有人來善解人意。你有義務讓周圍的人感覺到積極和向上，這樣的情緒下，工作才能比較順利的進行，效率自然也會得到提升，同時，你也是個受歡迎的人，你的協調工作勢如破竹。

板著一張苦瓜臉，無論你說什麼做什麼，都讓人覺得心裡不舒服，沒人配合你，沒人相信你，誰都想離你遠點，怕惹上麻煩。你的工作只會變的更糟糕。

一個成熟的工作態度，是不應該喜怒於形色。應該拋棄掉過多的個人感情，這裡是工作的地方。你悲傷、你鬱悶、你煩惱、你痛苦……這是你的問題，請回家去說。

能力培訓

「臭臉」排除方法如下：

♠第一步──請你找一張紙，如下寫出你最容易「變臉」的場景：

★當＿＿＿＿＿＿＿時，我感到很難過(傷心)。

★當＿＿＿＿＿＿＿時，我感到很生氣。

★當＿＿＿＿＿＿＿時，我感到很擔心(害怕)。

★當＿＿＿＿＿＿＿時，我感到很厭惡。

★當＿＿＿＿＿＿＿時，我感到壓力很大。

……

♠第二步──找一面鏡子，對應做出你最自然的表情

看到你自己的表情了嗎？是不是讓你覺得不舒服呢？那麼好，從現在開始，你應該嘗試在工作中遭遇到以上讓你「變臭臉」的環境中，把臉變的令人愉快吧。

♠第三步──學會用不同的微笑表示情緒

「傷心」微笑：傷心的樣子讓你看起來脆弱可欺，職場不相信眼淚，也不會有人真的理解你的難過，那麼把傷心的樣子變成「自嘲」的微笑吧，不必露出牙齒，也可以讓你看

起來很堅強可信服。

★「生氣」微笑：怒氣充盈只能讓你看起來小氣情緒化，而且發怒的樣子一般都不怎麼好看，不如舒展眉頭，再來一個堅定的笑容，肯定對手的正確之處，笑容不必很誇張，只要是發自內心的，就可以避免戰爭，繼續工作。

★「恐懼」微笑：怕什麼來什麼，與其被恐懼嚇倒，不如做個深呼吸，心裡默數「1、2、3、……10。」並且告訴自己，數完10以後，恐懼就會過去，好了，慢慢的露出微笑，你看，你戰勝恐懼了，心平氣和的去談判吧，這讓你看起來非常的自信。

★「厭惡」微笑：你最受不了的事情發生了，怎麼辦？去廁所嘔吐還是當眾把五官皺成「包子」？還是放鬆表情吧，最令人厭惡的謊話也不能把你怎麼樣，你還是用一個友好的微笑，少樹敵，才最安全。

★「壓力」微笑：垂頭喪氣、一蹶不振、拍桌子瞪眼……壓力還是存在，你的工作依然還要做。為什麼不給自己一個鼓勵的微笑呢？鼓勵自己，工作才能發揮出你最大的潛力，你的合作者也會從你身上看到希望。

05.

你敏感，更受傷

太敏感會讓人覺得你太做作，讓人感覺很假。

「這個方案……是……是……嗯……」舒雅聲音顫抖著，結結巴巴支支吾吾的，前言不搭後語。

「你不舒服嗎？那好，你先坐下吧，請其他人發言吧。」經理無比關切的看了舒雅一眼，並無責怪的意思。

可是這一眼，卻看的舒雅心驚膽跳。

昨天晚上舒雅收到的那則簡訊雖然被她本能的立刻刪除了，但是裡面的內容卻揮之不去，深深刻在她的腦海裡。想著那條簡訊，加上有經理之前的言行，越想舒雅就越覺得心神不寧。於是，剛才會議的內容她根本沒聽進去，自然沒法說出什麼有用的東西。

舒雅的性格挺溫順的，跟朋友在一起比較自在，跟同級的同事在一起也還應付的來，但是地位懸殊一大，比如跟主管上司打交道，就會讓她亂了方寸畏手畏腳。生怕自己說錯一句話，做錯一個動作，讓主管「看扁」了自己。

然而她越是緊張，往往越讓她看起來很不自然，真像是做錯了事在掩飾什麼。這種小心甚微的緊張情緒，搞的舒雅身心疲憊。

之前舒雅在另外一個部門工作的還不錯，可是自從關係不錯的同事被晉升為部門主管以後，舒雅又開始犯老毛病了，雖然以前和這個同事相處的很融洽，可是同事今非昔比，已經是主管了。見了新經理，舒雅僵硬的笑著打招呼；電話響起，一看是經理的號碼，舒雅的心跳馬上加速，往往要等呼吸平靜了，才敢顫顫驚驚的接起來……而此時電話已經響了7、8聲了；經理一句話，舒雅會想上半天，想裡面的涵義或是否有其他意義，搞的她看起來格外的憔悴；跟經理說話之前，舒雅也會思索上好一會，怕措辭不對，怕惹上司不爽……

每天都被工作之外的「遐想」折磨的精疲力盡的舒雅，最後換到了企劃部，想換個環境，喘口氣，因為她聽說企劃部的經理是個很隨和，跟員工打成一片的好主管。

果然企劃部經理是個不錯的主管，該加班的時候跟下面的人一起加班，還自掏腰包請宵夜；下屬做錯了事情，也從不當面批評，話說的總是留有餘地；舒雅有不懂的問題，還沒開口，只要被經理看到，他都會很主動很耐心的幫舒雅解答疑惑。

　　「做得不錯嘛，加油！」經理鼓勵舒雅，為她打氣的同時，右手放在了舒雅的肩膀上，輕輕的拍了兩下。

　　一時間舒雅感覺到背後的汗毛倒聳，把頭低的更低了。經理走開後，舒雅下意識的拉了拉自己的衣領……

　　舒雅覺得自己挺正經的，又是部門裡的新人，不該這樣隨便被人吃豆腐。放眼辦公室裡其他的小姐倒是很無所謂的跟經理嘻嘻哈哈的。是自己太保守了？還是多慮了？舒雅失眠了幾個晚上也沒想明白。

　　一次舒雅給經理遞交文案的時候，不小心碰到了經理的手，看到舒雅很慌亂的樣子，經理打了個圓場：「哈哈，妳的手好小啊……」

　　這一句話差點讓舒雅暈厥過去，撿起掉到地上的文案，放在桌子上，埋頭跑出了經理室。

　　一次兩次的「騷擾」都讓舒雅感到難堪無比，但又不敢

當面指出，只好自己一個人鬱悶。老遠見到了經理，能躲則躲，有經理參加的活動，能推就推。

可是這也沒逃離經理的「魔爪」，昨天晚上簡訊聲響起，舒雅一看是經理的名字，心就緊了，再一看裡面的內容——居然是則關於黃色笑話的簡訊！

會議結束後，舒雅實在忍不住了，怕自己就這樣被經理騷擾下去，永無寧日。於是在廁所裡找人訴苦，希望找到跟自己一樣境遇的姐妹，聯名揭開這個「衣冠禽獸」的醜惡嘴臉。

「如果上司給異性下屬發簡訊，算不算騷擾？」舒雅想了想，還是比較委婉的向同事阿蓓提及。

「嘻嘻，我們部門之間就經常互發簡訊，要不然工作這麼乏味，也需要點調劑嗎。我昨天還給咱們經理發了一則……」阿蓓說到裡面的內容，笑的前仰後合。舒雅卻一點都笑不出來。

天下本無事，庸人自擾之。職場裡這類患有「被迫害妄想症」的人並不占少數——同事的竊竊私語會讓他們感到是在說自己，如坐針氈；上司的批評會讓他們耿耿於懷，心煩意亂；誰多看他們一眼，他們就會檢查自己的衣服，看看是

不是被人看笑話。

　　拍一下肩膀，碰了一下手，一則簡訊，就能讓舒雅覺得遭到上司「性騷擾」的鐵證，這不是荒唐是什麼？

　　「患病」的人往往不自知，覺得自己是正確的，是正直，事出有因都是他人的錯誤，卻唯獨忘記了，這些來自於他人對自己的「迫害」都是自己一廂情願的瞎想。

　　不妨想一想，除了辦公室裡面對上級外，在路上、在捷運上、在巴士上、在只要有人的地方，偶爾的身體接觸是不可能避免的。僅僅如此就覺得自己受到了「騷擾」，感到了屈辱，這未免太過於敏感了吧！

　　當然！真的出現「性騷擾」，當事人絕對該站出來揭發。

　　不過辦公室裡出現的大多數「迫害」，都僅停留在「妄想」。這種具有過分敏感體質的人，只要嗅到空氣中有一絲敵意，就會變的憤怒變的焦躁，進而產生大家（上司）對我有意見，對我有偏見，在欺負我的「幻想」，同時，工作情緒大打折扣，根本不在工作狀態內，人際關係變的糟糕……最後很可能出現的情況就是，辭職走人。自己還堅信，是他人對自己不夠好。

　　工作就是工作，這裡的人際關係，上司和下屬，同事之

間，客戶之間，無一不圍繞著「工作」在運轉。上司一句話，同事一個眼神，客戶一個電話，都能搞的你心情欠佳，那麼只能證明你不適合工作，有工作有人的地方就會有這些干擾，你最終的目的不是跟人斤斤計較，而是完成好你的工作。

過分敏感的結果只能是做不好工作，搞不好人際關係。而最終受傷的，也只是你一個人而已。

何必呢？何苦呢？

 能 力 培 訓

> 看看你是不是個容易「過敏」的菜鳥？

> ♠和你一起進公司的Ａ君，和你私交不錯，但是他很快晉升了，而你沒有，你覺得你的能力和他不相上下，暗地裡還是會鳴不平。以下的行為那種是你最可能出現的？

A、直接跟Ａ君談，覺得自己的能力不比他差。

B、私下跟其他人說自己比他強，或是散佈一些關於Ａ君的負面消息。

C、靜觀其變，不表現出任何不滿。

D、跟Ａ君保持友誼，以尋求自己的晉升機會。

 **答案**

選擇 A

你不屬於敏感體質，但是你的言行經常會刺激他人的神經，讓別人「過敏」，後果往往是熟悉你的人欣賞你，知道你的初衷，但在新環境中，尤其是在是非較多的地方，你會不自覺的被人利用，或是因為心直口快，得罪不少同伴。下次開口前，還是多為對方著想，牢記：已所不欲，勿施於人。

選擇 B

你的敏感度適中，可是你偽裝出來的「好意」並不能讓他人真心誠意的接受你，因為你矯枉過正，太做作，讓人覺得很假。不妨放鬆一點，取消「假想敵」，跟周圍人真誠合作，你的工作才不會受阻。真誠，並不代表傻。

選擇 C

你經常因「過敏」的問題折磨的遍體鱗傷，而身邊的人卻無法從你沉默的外表看出端倪。有時候與其自己亂猜測，不如把話講明白，說不定你就會發現，其實是你自己在折磨自己，別人並沒有那個意思。

軟能力
你的職場致勝法寶

選擇 D

你的敏感度恰到好處，你的人際關係為你的工作如虎
添翼。同時你需要的是更加注重自我的提升，以便於
有獨當一面的機會來臨時，不自亂陣腳，因為職場裡，
朋友和敵人的轉換是很快的。既要懂得利用人際關係，
也要懂得實現自己價值。

會生活，才會工作

不要讓工作成為你唯一的樂趣。

老闆都喜歡工作狂的員工，可是員工最怕遇到工作狂的老闆。

小羅剛入行就遇到這種做起事來不要命的老闆。首次跟老闆一起出差，小羅就見識到了老闆的厲害，飛機上僅有的幾十分鐘都是在閱讀資料和合約中度過。下榻到飯店已經是凌晨，晚飯都沒有解決的小羅只想吃了東西，再好好睡上一覺，至於工作，那是明天的事情。可是老闆不這麼想，連夜跟小羅討論著明天的談判，果腹的只是飯店提供的幾個三明治。

要不是看在薪資的份上，小羅已經開始考慮轉行了。可

是第二天一大早看到老闆通紅的雙眼，以及遞過來詳細到每一句每一字的文案，小羅無話可說——老闆自己都一宿未眠，一個新人有什麼資格發牢騷，這只是一個適應的過程而已。

距離談判的時間還剩僅有的1、2個小時，小羅以為可以放鬆一會了，可是老闆卻接二連三的打著電話，對對方的語氣都有點低聲下氣了，為的就是要刺探到一些「內幕」消息。

談判的時間不過幾十分鐘，小羅發現老闆惜字如金，說的話不過幾句而已，但是他知道，前期的準備可謂是嘔心瀝血，容不得半點放鬆。

談判的結果在一週後揭曉了，小羅的信心也更加堅定了，要做就要跟著這樣努力工作的老闆工作。哪怕過程無比艱辛，但是工作中獲得的巨大成就感遠遠打敗了工作本身的枯燥。

小羅成了最任勞任怨的新人，他想用自己的行動告訴老闆，他花錢聘用的不是一個窩囊廢。而有另外的一個原因，小羅不想說，也不願意說。

那就是小羅談了3年的女朋友跟他分手了，女友說她需要的是穩定的生活，穩定的經濟來源，要有房子有車子，要辦有點派頭的婚禮……而這一切，對剛步入職場不到1年的小羅卻無法滿足她。女友說女人的青春比黃金重要，所以趁

著有「價值」的時候還是投資在更高價的男人身上才值得，所以小羅被判出局了。

對現實失望，對愛情絕望的小羅就將所有心思放在了工作上。遇到沒人願意加班的時候，他就搶著加班，遇到沒人願意出差的時候，他就一馬當先。忙碌的好處不只是加班費和差旅費，更重要的是，忙碌中的小羅也會淡忘心中的「痛」。

小羅已經記不清自己吃了多少泡麵，在辦公桌上的電腦前睡了幾晚，在異鄉的旅途上行駛了多少公里，推脫了多少次朋友的聚會……他不但順利的升職，博得了所有人的欣賞，包括最後按照老闆的「玩命」狀態，拿下了一筆巨大的訂單。

專門為小羅開的公司慶功會上，連老闆都一改往日的威嚴，拿小羅開起了玩笑：「長江後浪推前浪，希望你別讓我這樣的老人死在沙灘上啊，哈哈，年輕人，我祝賀你！」

因為生活飲食不規律，小羅已經形容枯槁，瘦的嚇人，可是聽到老闆的祝福，他還是煥發出了百倍的精神：「嗯，您放心，我會加倍努力的……對了，下次談判的議程，我想再跟你協商一下，已確保萬無一失。」

「工作沒有十全十美，今天晚上我還要回家跟太太陪孩

軟能力
你的職場致勝法寶

子過生日呢，就這樣吧。」老闆婉言拒絕了小羅。

孩子？妻子？朋友？

小羅恍然覺得這些詞距離自己彷彿是幾個世紀前的事，那麼遙遠，那麼陌生……

慶功會結束的很早，道路上才剛剛華燈初放。小羅覺得自己沒有要去的地方，也沒有事情可做，於是目送老闆和同事三三兩兩離場後，轉身回到了唯一的去處──辦公室。

一定要從工作中找到樂趣，但一定不要讓工作成為你唯一的樂趣。

努力工作的人或多或少，都能從工作中直接和間接的獲得成就感。有的人為薪水工作，有的人為愛好工作，也有的人為了更遠大的目標和理想。其中滋味因人而異。

而小羅這樣的人是在為了逃避而工作。現實不如意，愛情飛走了，缺少親情，離鄉背井……這些令人煩惱的事情，正是生活的一部分，這是逃避不了的。

活著為了吃飯，還是吃飯為了活著？你更認同哪一種生活心態？

你認同後者，你就該知道，工作是為了讓生活的更好，獲得經濟來源，獲得社會認同感。工作是為生活服務的，工

作最多占生活的一部分，甚至一小部分。

有人會覺得小羅這樣的年輕人是值得稱讚的，有上進心，不沉溺於自己的感情，把公司當家，把事業當伴……只要是老闆，就喜歡這樣沒有七情六欲，不需要吃飯休息，甚至連機油都不用加，連續運轉的「工作機器」。可是你願意做一個超負荷運轉，提前報廢的機器，還是日久彌新，越幹越有價值，不但讓老闆很爽，自己也自得其樂的機器？

工作不容易，做人最不容易，當工作成了一個人全部的時候，真是一件很可悲的事情。

難怪有的工作狂一心為家人打拼，忙到最後，不是老婆跟人跑了，就是老公找了個小的……最後哪怕功成名就，只剩下孤家寡人，無人傾訴，無人分享，難道不淒慘嗎？

不是說不能忘我的工作，不是說不能全身心投入工作，而是工作力度要有張有弛，家庭生活，個人生活，休息的得當，不但不妨礙工作，相反，還能充電保鮮。連最偉大的科學家，沒事都喜歡拉拉小提琴，你這個凡夫俗子不至於落到沒有公事做就難受的地步吧？

軟能力
你的職場致勝法寶

能力培訓

努力工作不等於只會工作，如果以下病態裡，你符合5個以上，很不幸，你是不會生活的工作狂，你距離過勞死不遠了，除非，你願意改：

★工作第一，其他永遠是第二。

★工作薪酬與加班時間不成比例，卻熱衷加班。

★家是第二個工作地點。

★工作就是愛好，愛好就是工作。

★過了5年以上的獨居生活。

★不相信其他人能幫助自己完成工作。

★極端看不慣不努力工作的人。

★受不了失敗。

★因為工作怠慢了情親、友情或愛情。

♠「逃離」工作壓力的10個點子：

1. 堅決不把工作帶回家做（提高工作效率是首要的，偶遇特殊情況則控制在不影響睡眠的前提下）。

2. 下班前的準備工作。既然明天的工作量可能比較大，會讓人覺得擔心，不妨下班前10分鐘用紙寫出明天的工作計劃，一旦具體化，壓力就會減小。

3. 把公事包和電腦放在門背後或不容易看到的地方。第二天上班前不去碰它。

4. 學會調整呼吸。在感到壓力大或情緒不佳的時候，不妨把已經做不下去的工作放在一邊，給自己留個幾分鐘或十幾分鐘的時間調整呼吸，深呼吸，直到大腦感到清醒的時候，再著手工作。

5. 粉碎不愉快。用紙把煩惱寫下來，再撕個粉碎，都可以緩解壓力。

6. 按時與家人共進晚餐。每週不得少於5次。且餐桌話題杜絕工作內容。

7. 讓家變的整潔。忙碌一天回到家看到混亂不堪，會把壓力感放大，感到失控。可請人定期整理，也可以自己花週末時間來做清掃。

8. 一定不要忘記音樂。去公司的路上，睡覺前，感到煩惱的時候，放上自己喜歡的音樂聽，會讓緊張的神經充分舒展。

9. 你必須有愛好。你會在忙碌中憧憬工作結束後的閒暇，所以你才更有動力。否則你會對工作上癮，且效率低下，因為做完了你也沒事幹，所以只有拖延。

10. 寵愛自己。生理上，心理上，甚至是外在的虛榮，只要不過分，都是可以的。

接受：
為什麼一定
要我去做？

第 5 課

遙想當年，你剛踏入職場，是不是渾身上下都是衝勁，大有不做出一番事業不罷休的架勢，就怕工作太簡單，就怕老闆太客氣，不能委你以重任，不能表現出你的超級之能；回首去年，你才跳到了新公司，是不是想重頭再來，以為新人就一定有新氣象……什麼抱負、什麼計劃、什麼希望都在日復一日的工作中被消磨殆盡了。現在的你上班只想早點下班，工作能推就推，能拖就拖，能不做就不做；加薪升職沒有希望算什麼，老闆逼急了再跳槽也不遲。

混日子很輕鬆，很舒服嗎？不見得。拖拖拉拉的狀態下，你擔心，你焦慮；推三阻四的過程中，你費盡心機，你心力憔悴；無所事事的感覺，讓你懷疑自己入錯了行……工作做的沒有成就感，領到的薪水也不能讓你覺得開心，生怕有朝一日經濟不景氣，真要找個稱心的工作並非易事。

只怕這樣混下去，前途無比渺茫，是時候該想想你為什麼要工作了。

01.

幹嘛老是找我

能力越大責任越大。

一句話概括志朗的職場經歷，就是「前三年又跑又吃草，後三年只跑不吃草。」

志朗剛進公司時，正逢公司壯大後的薪酬制度變化，變化的目的是為了提高工作效率，但很多人都不接受新的薪資制度，覺得這是在變相的調降薪資結構。有些年資較老的員工也在開會時向老闆直接抗議。新員工也有人跟著煽風點火。

志朗雖然也不爽，卻很審時度勢地選擇了服從，因為他知道，越是在其他人不願意合作的時候，自己能表現出「另類」，就越能在公司站穩腳步，於是志朗在同事們「消極怠工」的時候搶著找事做。風波過後，幾個同事辭職了，志朗

卻給老闆留下了極好的印象。

　　當然這只是邁出成功的第一步，接下來，還得突顯出自己的實力。志朗的業務能力的確很強，英語流利，還會一點日語，經常幫同事接國外客戶的電話，國台語、英語、日語輪流轉，思路也非常清晰，很快成為了公司的「全能幫手」，奔波於各大談判會議，也由此積累了不少客戶資源，也常常收到老闆讚許的目光。

　　一次會議上，幾個部門總監對老闆的決策提出了異議，正當老闆左右為難下不了台時，志朗卻很合適宜搬出了一位客戶的建議來支援老闆，幫老闆及時挽回了局面，他也就此獲得了老闆的信任，沒過多久，志朗頭上的總監跳槽，他順理成章的遞補了上去。

　　不到三年，志朗就從一個新人成功轉變為老闆眼裡的「紅人」，成為了公司裡最年輕的總監。

　　然而接下來的三年裡，志朗坐在原來的位置上卻升不動了。因為在往上就是副總，而這個職務已經被人牢牢佔據，志朗要再升遷就不那麼容易了。可是位置雖然不升，功能卻依舊不斷擴充——哪個部門出現問題了，哪個談判搞不定了，哪個案子客戶不滿意了……都會臨時借調志朗去救火。

軟能力
你的職場致勝法寶

往往是剛剛理順工作，做出一點成效，或是才搞出點名堂，志朗就又被調回了原來部門，成績拱手讓給他人，志朗的福利和薪資再也沒有上調過，這樣的幾年，雖然得到的口頭獎勵不少，可是實質性的東西卻沒有，志朗不免覺得自己是個「白做工」的傻瓜，時間久了，慢慢的生出了怨氣。

一次志朗在酒後，對同事發起了牢騷。原本同事還在奉承這位老闆身邊的紅人：「唉，你是獨當一面的人才，沒被別的公司挖走，就是我們公司的福氣啊。」

志朗辛酸的笑了笑，說：「麻煩都找我做，成績都是別人的，我算是知道了什麼叫鞭打快馬，還不給馬兒吃草。」

不料，這番對話傳著傳著，居然傳到了老闆的耳朵裡，就變成了志朗不滿意現狀，已經與別家公司有多次接觸了。老闆根據志朗最近有點消極的表現，竟也信以為真，疏遠起了志朗，麻煩倒是少了很多，可是被孤立的感覺最終還是導致志朗離開了公司。

做最少的事，拿最多的錢，是所有人的幻想。當身陷無窮無盡的麻煩的時候，任何人都想以最快的速度解圍，然後得到解決麻煩的酬勞——讚賞、加薪、升職。很不幸，志朗解決了問題，沒有得到相應的回報，卻成就了他人的功勳。

把成績留給別人，麻煩留給自己，所以志朗有一萬個理由抱怨。

可是為什麼前三年剛入職場的志朗卻不怕麻煩，沒有牢騷，一味的努力再努力？那時候的志朗一無所有，只有一個目標，一個動力，就是好好工作，做出成績。

當有職位在身的志朗，顯然已經不滿足現有的來自老闆的「犒賞」——口頭獎勵了。此時的志朗對現實的利益無比地貪心起來。問題是，有成績了老闆就一定要給你加薪升職嗎？當然不是！

無數跨國大公司的CEO，大都從一般的員工做起，10年，20年，輾轉於公司的各個部門，充當「救火員」，最終出任「掌門人」，他們解決的麻煩，正是為日後在打基礎，哪個老闆都不可能每過1年2年就要給你升職或是加薪。更何況你的決策的正確與否真的還需要時間來檢驗。急功近利的人，總以為自己為老闆，為企業解決了一個大麻煩，就理所應當享有鮮花和掌聲。

能被當成「救火員」，志朗應該覺得驕傲，起碼證明自己是公司裡獨一無二的人才，能力是得到老闆的肯定的。對志朗自己來說，這些一個又一個的麻煩正是寶貴的磨練機會。

做的好本身就是在提升自己的職業價值。

若志朗能把既得利益看的淡一點，從長遠考慮自己的工作意義。那麼他可以選擇的方式有兩種，一是整理自己的成績，跟老闆談酬勞；或是默默等待機會，如果確信老闆是個「讓馬兒跑，又不讓馬兒吃草。」的人，那麼不妨趁早選擇跳槽。

無論哪種選擇，都離不開出色的工作成績。只有解決好面臨的每一個問題，才是最對得起自己的行為——無論最終選擇跟老闆協商或是走人，至少有了足夠的籌碼——來自於解決困難的經驗。

心懷不滿，應付工作，都會讓老闆失望，讓競爭對手看到漏洞。誰敢說老闆不正是在用這種修練方式打造公司的高層管理人士呢？志朗走了，依然還需要從頭再來。

只要工作，就會麻煩不斷，是積極的解決，為自己工作，還是消極的敷衍，為薪資所束，權利在每個人自己的手上。

 能 力 培 訓

> 當你覺得工作乏味至極，讓你提不起精神的時候，可以暫時放下手裡的工作。用紙和筆列出以下專案，填空，然後你就會找到久違的工作熱情：

1. 我曾經為公司（所在的團隊）的貢獻是＿＿＿＿＿＿＿。＿＿＿＿＿＿＿＿曾經在工作上幫助過我。

2. 我的上司曾經表揚過我＿＿＿＿＿＿＿，鼓勵過我＿＿＿＿＿＿＿。

3. 辦公室裡的＿＿＿＿＿＿＿讓我覺得很方便很舒適。

4. 我的薪水比我剛畢業的時候高了＿＿＿＿＿＿＿元。

5. 工作中我學會了＿＿＿＿＿＿＿。

6. 工作中，我結交了朋友＿＿＿＿＿＿＿（同事、客戶）。

怎麼樣？當你填寫完空白以後，是不是覺得心裡舒服多了？如果一個空格都填不出來，那麼繼續動筆，開始寫辭職報告吧。

02.

信任需要長時間付出

要想他人信任你，你自己必須做出值得信任的事情來，
更重要的是你也得相信對方。

　　仁宏當主管已經五年了，跟自己的助手阿威也合作的很
愉快。仁宏承認，雖然阿威比自己的年紀小，工作經驗也不
夠豐富，但他聰明，精力充沛，對工作有非常高漲的熱情。
透過一段時間的磨合，他們之間已經建立了某種默契，可以
說仁宏很信任自己的助手。

　　因為是業務部門，所以，仁宏手下的年輕人特別多，而
且個個都精明能幹。要管理這樣一批人並不簡單。身為主管，
仁宏除了管理業務外，還要參加公司內部的各種事務性會議。
主管不在的時候，阿威也會代替她處理一些應急的事。

有一次仁宏出差兩週後回來，卻聽到很多人都在議論阿威，說他趁主管不在的時候自作主張，將她臨走前的工作安排擅自變動，並去主管那裡邀功。

　　開始仁宏並沒有把這些話放在心上，因為她堅信，五年的默契和信任，並不是別人的幾句話就可以摧毀的。

　　阿威私下也聽到了傳聞，既想找主管說明情況，這是公司的內部調整，並非阿威自己擅作主張，但又怕越說越黑，顯得自己不夠光明磊落，於是選擇了清者自清的處世態度，對此裝作毫不知情，甚至有意迴避仁宏談及此事。

　　仁宏察覺到了阿威的異常，心裡覺得彆扭，但又無從說起。久而久之，兩個人的關係變的非常微妙了，各自心裡都結下了疙瘩，影響了之前的信任關係。最後仁宏覺得難以安心工作，換掉了阿威這個助理。

　　阿威降級到普通的員工，自覺的內心無愧，卻又甚是委屈。

　　如琳從總部調來當經理的第一天，就板著臉跟底下的員工做自我介紹。所有的人都不敢太親近，格外害怕這個新來的主管，尤其是作為祕書的雅文，更是小心再小心，因為她的工作就是要天天跟這個「瘟神」打交道，躲是躲不掉的。

沒想到如琳第一天就給雅文來了個下馬威：「哦，妳好年輕啊，在國外祕書是年紀越大越吃香，知道為什麼嗎？」

　　雅文不解，乖巧的搖了搖頭。

　　「那是因為年輕的女祕書很多都是花瓶，而年紀大的祕書才是真的有本事。如果妳不能證明妳的實力，我會很快請妳走人的。」如琳眼神犀利，語氣不容質疑。

　　這番充滿火藥味，帶有人身攻擊的話，嗆的雅文半天都喘不過氣來，如果換成其他人，很可能就會一氣之下，撂下狠話走人，不跟這種老闆幹了，太不尊重人了！

　　雅文沒有當面跟經理對峙，冷靜的想了一想。經理之所以這樣說很可能跟他的多年在海外工作的經歷有關，證明他是看重一個人的工作實力的，再往好處想，起碼這樣的經理不會見色起意。

　　經過雅文細心的觀察，她發現了很多如琳與眾不同的辦事風格。比如按時上下班，絕不拖延時間，講究工作效率；討厭冗長的開會，一般願意在自己辦公室站著說，說完就去辦；不能容忍回報工作進度中有「可能」、「大概」、「我猜」之類模棱兩可的話；不當面表揚某個人，只對事情提出讚賞，或者直接提拔……

開始底下的人都覺得如琳是個沒有感情的冷血動物，背地裡貶損他的壞話也不絕於耳。但是雅文覺得，如琳這種做一開始只不過大家不適應而已，其實會大大提高工作效率。比如自己再也不用擔心經理沒走，自己無論多晚都不敢離開辦公室半步的事情出現。她相信只要自己工作上儘量做到準確及時，如琳自然沒話可說。

　　除此之外，為了改善如琳跟下面不瞭解情況的員工之間的緊張關係，雅文會把如琳稱讚過的好方法，透過轉述，告訴當事人，讓底下的人知道老闆其實還是很欣賞自己的。

　　雅文摸透了如琳的脾氣，而上司也知道了祕書在為他著想緩解自己和下屬的衝突。逐漸地，如琳對她產生了一定的好感，並會就某些決策徵詢她的意見。每當此時，雅文總是非常謙虛的發表自己的見解，因為她知道如琳徵求意見只是在考驗自己的能力，他心裡比誰都清楚，一旦你有了誇誇其談或是不切實際的想法，都會被他看穿，且免不了一番嘲弄。

　　細心周到的雅文得到了如琳的認可，一次在年終會議結束後，雅文被如琳叫到了一邊，：「雅文妳不適合當祕書。我決定辭退妳了。」如琳面無表情，遞給雅文一個信封。

　　接過「解雇信」，雅文還是不溫不火的對答：「還是要

感謝經理，有機會讓我認識到自己的問題所在……」

「慢著！妳怎麼不先看看信裡寫的什麼？」如琳的眼睛裡閃過一絲狡黠。

雅文慢慢打開信封，哈！原來不是解雇信，而是推薦她到總部擔任總裁助理的推薦信，而落款簽名正是雅文熟悉的不能再熟悉的字體……

博得上司的信任很重要。但問題是，你跟其他人做一樣的事，說一樣的話，憑什麼能夠博得上司信任你？

唯一的標準，就是讓上司覺得你的表現突出，說的話是為公司著想。於是，他採納你的意見和建議也就順理成章。而一旦上司心裡排斥你，不信任你，你做的事情再好，話說的再漂亮，上司還是覺得你另有圖謀，肯定不會把加薪和升職的好事往你身上放。

同事之間的信任對工作的順利進行有好處，而上司對你的信任更關係著你職業生涯的走勢。因為「生殺大權」都在他的手裡。

信任這個東西，培養起來很難。需要時間、需要耐心、更需要機會。試想一下，你幫上司解圍，你幫上司扛錯，你盡一己之力挽救公司或部門於水深火熱之中，上司能不信任

你嗎？

　　信任也最容易被破壞。它非常脆弱，稍不留神，一個誤會、一個錯誤、一個閃失，你之前的努力就付諸東流了。

　　比如阿威與上司之間經過了5年建立起的信任，只被流言輕輕的那麼一戳，就「砰」地破碎了。上司仁宏倒是沒有什麼損失，倒楣的卻是無辜的阿威。

　　所以說建立與上司之間的信任難，但保持信任更難。一旦遇到可能危及你們之間的信任關係，那麼不要遲疑，該說明的就要說明，否則誤會越陷越深，因為人的心裡都有個「黑洞」，覺得自己被他人信任是天經地義的，但是不相信其他人又是人類的天性。

　　衝突之中求生存，職場之中找夾縫，就是要看清楚自己所處的位置，因勢利導，排除一切不利因素，讓上司覺得安心，就算不升遷，起碼生存下來不是問題。

　　相比之下雅文就「精明」多，明知道新來的上司對自己有偏見，還是設身處地的為上司著想，做好本職工作，不給自己找煩惱，日久見人心，自然博得了上司的信任。當然這與其職業習慣——祕書的細心也不無關係。

　　其實「信任」的基本原則很簡單——要想他人信任你，

你自己必須做出值得信任的事情來，同時，更重要的是你也得相信對方。

試想，雅文若是一開始察覺到如琳的「敵意」，並把這種表面上的「敵意」擴大化，進而產生對工作的不滿意，用牴觸的情緒來處理工作（很多新人就是在第一印象覺得老闆不喜歡自己，對自己有偏見的時候產生敵意的），後果是什麼呢？

上司還是上司，老闆還是老闆，你還得從頭做起，與其換一個工作換一個上司來慢慢建立信任感，不如趁著在這裡已經有經驗的地方，轉變上司對你看法，往往失而復得的信任更牢固。

能力培訓

要想建立自己在職場的信任度，你就需要從內到外散發出「值得信任」的氣息：

♠正統的形象

別覺得這是無關緊要的，或是「外貌鑑定」一族人的觀點。法官判案前，律師都會建議被告注意形象，因為外貌的印象無形中可以影響法官對你「是非」認識。在職場，打扮

的過於花俏或是暴露，都不具有讓人覺得「信服」的感覺，哪怕你的工作能力實際上很強。

♠ 認真對待工作

很難想像老闆會對一個工作上敷衍了事，遇到問題就退縮，上班不按時的人產生信任感。與其費盡心機的想討好老闆，不如先把你的本職的工作做好，老闆最信任的就是腳踏實地的員工。

♠ 不怕困難

每次遇到困難能躲就躲的人是不被人信任的。當同事請你幫忙的時候，當老闆安排你額外的工作的時候，只要不超出你的能力範圍之外，努力去完成吧，就算沒有加班工資，無形無價的好處，就是你在他人心目中的被信賴感。

♠ 擴充自己

你的知識面越廣，你解決問題的思路就越多，你熟悉的部門越多，你的能力被認可的可能性就越大。空閒的時候不妨多和其他部門的人多交往，業務上可以互為補充，人脈上也大大提升。信任度自然會呈直線上升。

♠要建立個人魅力

你有特有的表達方式嗎？你有自己的辦事風格嗎？這些是讓你不被淹沒在辦公室裡，被老闆視而不見的一種個人魅力。個性不是亂發脾氣，或是單純的標新立異，而是有獨特的思維理念，可以讓你的工作推陳出新。非你莫屬的「個人品牌」自然是被信任的重點。

♠減少情緒化

情緒化的人時冷時熱，工作上時好時壞，你是老闆，你會重用這樣的人嗎？你會信任這樣的同事幫你完成工作嗎？下次情緒低落時，怒火攻心時，還是稍微收斂一點吧。

03.

忠於職業還是忠於老闆？

你覺得老闆會器重一個頻繁跳槽的人嗎？

　　阿燦在一家大型企業負責人事管理，因為有相關工作的證書和一定的經驗，上司並沒有因為他的年輕而輕視他，相反地反而對他非常器重。而最近一段時間，公司內不斷有小道消息傳出，說阿燦有被提升為人事經理的可能。

　　阿燦本人對此倒是不置可否，因為他現在做的工作並非自己的理想，當年是不知不覺走進人力資源管理領域的，雖然沒有感覺厭倦，但也感覺不到激情，憑著資歷就這樣做到退休都有可能。當然，目前職位的薪資和待遇都是阿燦所滿意的，否則他早就會做出轉行的決定了。

　　轉行所要付出的代價讓阿燦猶豫再三。正在這個時候，

軟能力
你的職場致勝法寶

阿燦的一個朋友來找他，希望能聘請他去自己的公司任人事總監，並應允薪資金比阿燦現在的再多50％。朋友的熱心讓他有點心動，而且朋友的公司屬於家族企業，規模雖然不大，但是營運了很久，有很多可以學習的東西。朋友還許諾，如果阿燦願意去，還考慮在薪酬福利照舊的情況下，按照他的意願調整他的職位。

既能拿的比現在的薪資高，又能選擇自己的興趣愛好，且不用考慮轉行的代價，這簡直就是天賜良機，阿燦不想錯過，向公司提交了辭職信。

阿燦順利來到了朋友所在的公司，然而，朋友在該企業說話的分量顯然不夠，在給他的正式聘請書上列出的條件卻十分苛刻，細細算來，還沒有原來公司的待遇好，更別談什麼任意選擇部門。

雖然事後朋友一再道歉，讓他先工作，再考慮「騎驢找馬」，但是家族企業內的那種濃郁的排外氣氛，還是讓阿燦不得不走人。只有人事管理工作經驗的阿燦，最終還是在一家小公司裡重操舊業。

守芳原來在一家頗具規模的外資公司做事，剛進公司的時候守芳的工作進行的遠不及現在這般順利，最主要的還是

人際關係處理不得當，還好主管很器重她，幫她解決了很多問題，讓她能在相對寬鬆的環境裡施展拳腳。兩年後，守芳的部門主管決定跳槽，且已找好了一個相當不錯的「新東家」，一連好幾天地想說服守芳跟他一起跳槽。

主管說假如守芳願意跟他一塊過去新公司，那邊的職位起碼比現在的要高一級，薪資方面也比現在的這家公司豐厚。聽了主管充滿吸引力的說辭，也考慮到兩年來他對自己的照顧和栽培，原來根本沒想到要跳槽的守芳也開始心動起來。沒過多久，主管和守芳就順利來到了新公司。

因為守芳是上司極力推薦、並隨上司一起跳槽過來的，公司老總還算器重和信任守芳，願意把一些較為複雜的工作放心地交給她去做。這些打消了守芳之前的一些顧慮，多少覺得點安慰。

而且，讓不擅長處理與同事之間關係的守芳欣喜的發現，只要她一從老總辦公室出來，大夥就對她很親熱，問長問短。開始，守芳有些受寵若驚，甚至覺得新公司的同事終於開始接納自己了。

然而時間長了後守芳發現，原來，大家不過是有目的地想從她口裡套到有關機密工作的事宜。開始守芳覺得，工作

機密可是不能隨便說的，弄不好會被老總罵，可是轉念一想，這不也是一個緩解職場人際關係的妙法嗎？而且守芳告訴的也是自己人，應該沒什麼問題的。於是，守芳就把一些事情慢慢告訴了大家。可是，她很快發現，自己這樣的「妙招」，並沒有換來同事們的真心。有一天在廁所裡守芳聽見有同事在背後說「新人就能得到老闆的器重，誰知道她是靠什麼爬上去的！難說不是以前的公司派來的奸細！」聽到這種話，守芳真是欲哭無淚。

「忠誠」在這個「人不為己、天誅地滅」的社會已經很不討好了。如果那個員工真的按照公司規章上寫的那樣「忠於公司、忠於老闆」去做，恐怕只能被大家嘲笑是個沒腦子的白癡。員工又不是社區的義工，忠與不忠於公司或是老闆，完全取決於公司和老闆有沒有提供足夠的「好處」──薪資、福利、待遇、晉升、學習……

假如公司面臨倒閉，或是老闆自己債台高築，百分之九十以上的員工都會選擇忠於自己，跳槽保飯碗，而不是忠於公司，跟著老闆一起去背債。樹倒猢猻散，大家只是混口飯吃，忠誠換不來房貸、車貸和信用卡。

再說了，公司老闆該發的加班費不發，該漲的薪資不漲，

該給的保險福利沒給，該讓有才能的人升職沒升……是老闆先不義，你我憑什麼要「愚忠」。換個老闆多簡單。

阿燦沒忠於老闆，跟著口頭許諾，輕易就跳槽了，結果呢？阿燦丟了的不僅是原公司的老闆的器重，還付出了跳槽後一切歸零的代價，最後做的還是自己不情願做的工作，拿的卻是對不起自己折騰大半天的微薄收入。

守芳挺「忠心」的，心存感恩，跟著上司一起跳槽了。結果呢，守芳一是感激上司幫她處理了很多不必要的人際關係上的麻煩，二是希望跟著上司在新公司一樣能迴避類似的問題。但是，新環境裡，上司自己都飄搖不定，需要站穩腳跟，哪裡能顧得上幫守芳呢？所以守芳受到排擠是情理之中的事情。

無論阿燦和守芳忠於不忠於自己的老闆，他們都沒有忠於自己的職業。兩人的共同之處在於一個是不切實際的傻瓜，一個是逃避責任的笨蛋。

阿燦出現了職業倦怠期，就是既不安於現狀，又放不下既得的利益，彷徨中，遇到了「邀請」，寄望於跳出新環境後就有新轉機。很多工作了5～10年的人都會遇到類似的問題。但是不妨仔細想想，不能在現有狀態下解決問題，那麼

軟能力
你的職場致勝法寶

新環境面臨的問題更艱巨，甚至是危險的，一不小心就會前功盡棄。忠於自己職業的人，會反思自己的工作，找到突破的方向，或是透過提升自我價值的方式來解決問題。

守芳像很多處理不好人際關係的員工一樣，懷有僥倖心理，認為只要換了東家，問題就能迎刃而解，可是悲劇無法避免的再次上演。可以說處理不好眼前的問題，無論處於什麼原因的跳槽，都是盲目的。

忠於自己的職業，就是要對自己的工作有一個客觀的認識，有一個遠期的和近期的規劃。知道自己在幹什麼，能幹什麼，幹了什麼。而不是在頻繁的跳槽中迷失自己。

能力培訓

你想「背叛」自己的老闆嗎？那好，你先看看有沒有背叛自己的「職業」：

♠老闆不值得你忠心嗎？

你是因為薪水低、工作環境不如意、同事關係複雜、前途渺茫而想「叛逃」嗎？逃離並不是解決所有問題的萬能鑰匙。比如工作中遇到麻煩想逃避，或者個人能力不能勝任現在的工作。這種情況下，老闆並沒有不仁不義，而是你沒有

能力，所以你的問題是如何充電以提高自身能力。

你覺得老闆的人品有問題，或是老闆對你有偏見，所以你想「叛逃」嗎？你怎麼能肯定下一個老闆一定比現在的知人善任？只要老闆不做違法的事情，只要他還站在公司的角度來處理問題，老闆就沒有錯，你需要先表現自己的忠心。

♠新東家值得你忠心嗎？

東山猴子和西山猴子的故事你聽過沒有？所有員工都覺得自己的老闆不夠意思，別人的老闆特別好，你只要抱著這樣的想法，那麼我敢肯定，你掏出一片忠心，也換不來新老闆的賞識。現實點吧，不要相信口頭承諾，不要相信傳言，還是相信自己的實力。

♠你確信你的忠心嗎？

你真的全心全意為公司著想打拼嗎？

♠你有給自己的「忠心」抹黑嗎？

找到新東家了，不要以為以前的工作就與自己無關了。凡事要善始善終，離開之前，應該儘量配合接你班的人做好交接工作，這是一個人最基本的職業素養。

如果以上四點你都覺得自己符合，是老闆不夠意思，新

老闆值得你忠心且不懷疑你，你的忠誠度高的足夠為你謀得一個高薪的好位置，那麼好，你就忠於你自己吧。

對得起自己，對得起自己的職業，才是真的忠於自己。

04.

面對流言

低調、面對、自省、自嘲、溝通。

　　阿菲已經三天沒有來上班了，米亞越來越擔心，也非常後悔自己跟阿菲講了真話。

　　記得那天下午，阿菲神采奕奕地從經理的辦公室出來，剛受到的表揚讓阿菲原本因貧血而顯得蒼白的臉上有了一抹紅暈。阿菲知道這是自己努力的結果，根本沒有注意到來自於身邊詫異的目光。

　　「嗨，米亞，今天晚上我請客吃飯哦……」阿菲大搖大擺的走到好友的身邊，向她發出了邀請。

　　米亞拉了拉阿菲的手：「小聲點，妳啊，死了都不知道怎麼死的，回頭我再跟妳說。」

幾杯冰涼的啤酒潤了潤喉嚨，米亞無不擔心的告訴阿菲：「妳就不能低調一點嗎？」

　　阿菲翹著二郎腿，拍著米亞的肩膀，說：「又不是做賊，有必要嗎？我又沒做虧心事，我是憑本事才坐到這個位置的！妳還不清楚嗎？」

　　「唉……」米亞無奈的歎了一口氣。

　　「怎麼了？誰說我壞話了？我記得我剛來公司的時候，那些同事們不都看不起我，覺得我學歷低，沒什麼能力，都來欺負我不是嗎？還好，我們經理不是個只看學歷的人，他把我調到了銷售部，有了職位，做出了成績，誰還敢欺負我？」阿菲憤憤的猛灌了一口啤酒。

　　「我知道妳工做出色，經常跟著經理出差、應酬很辛苦。我也知道經理是欣賞妳的才華才給你升職。可是其他人並不這麼看，妳知道他們都怎麼說妳嗎？」米亞覺得再不提醒這個心直口快的阿菲，以後不知會釀下大禍。

　　「說什麼？嫉妒我！」阿菲還是一副滿不在乎的樣子。

　　「他們說妳是經理的情人，還說的繪聲繪影的，說妳上次請假是去墮胎……」

　　「放屁！上次請假是我哥住院！誰造的這個屁謠？告訴

我，我去扒了他的皮！」阿菲火大了，站起來瞪著米亞。

「妳別著急啊，反正我知道實情的嘛，我相信妳，還不是那個三八說的。」米亞安撫著阿菲……

阿菲當然知道米亞說的是哪個三八。第二天一早，她逕自走到那個同事的面前，大聲的斥責道：「妳別一天到晚吃飽了沒事亂說話！我上次請假是看我哥去了，不是墮胎！我要墮胎也是懷了妳老公的種！」

一看這個氣勢，那個傳播謠言的人嚇呆了，尷尬的辯解了幾聲紅著臉就躲開了。可是這番氣頭上的話還是傳到了經理的耳中，經理有意跟阿菲疏遠了，再加上最近受到謠言干擾的阿菲工作起來帶著情緒，最後經理還是把阿菲調到了售後服務部，想讓她冷靜一段時間。

或許是售後服務部所需要的耐心細心和阿菲的性格並不合適，剛調到新職位不久，她就與客戶發生了爭執。原本，這只是一個工作中的失誤，但是，新的流言馬上又傳開了。有人說：「阿菲以前在銷售部的業績，都不是自己做出來的，而是市場部經理幫的忙。」

這次的留言越傳越廣，阿菲也找不到根源，氣的連班都不來上了。

辦公室裡有人，人與人之間又有著複雜多變的利益關係，所以好的壞的，是是非非，一直都是野火燒不盡，春風吹又生。

　　你若是熱衷於打探各路的小道消息，不免成了謠言非議的集散地。八卦名聲在外，搞不好就會引火上身。相反，你若是對此漠不關心，則會被人認為是不合群，孤傲，失去好人緣。倘若你既沒有八卦的潛質，也沒有阻擋他人的傳播熱情，那麼你便可能直接成為流言蜚語的「主角」……

　　有些事情，躲是躲不掉的。人都有「偷窺」的心理慾望，無論這些非議來自於憑空捏造，還是有憑有據，誰都想聽一聽。尤其你的地位、利益、關係……對他人無形中構成了威脅，那麼這種損人且不利己的謠言自然而然的就被「創造」了出來。

　　阿菲自問心無愧，但是其他人不這樣想：妳年紀輕輕，又沒什麼學歷，輕而易舉就博得了上司的欣賞，得到了他人垂涎已久的位置，不管妳是不是因為工作關係跟妳的上司走的很近，聯想在一起，當然就成了或是因嫉妒，或是因無聊，或是別有用心的人的絕佳「素材」。

　　受到流言中傷，誰的情緒都不會好，阿菲更是直接找到謠言傳播者當面對質，從某個方面來說，是正確的，因為妳

的軟弱只能讓自己被更多的人欺負。過於激烈的言辭雖然對澄清事實有一定幫助，但是同時卻會把與他人本來就不好的關係搞的更僵。更不該的是，帶著情緒工作，對阿菲自己是最不利的，丟掉了現有的職位不說，還把手頭的工作搞糟了，謠言非議則趁虛而入，這下說都說不清楚了。

對於流言和中傷，明智之舉該是保持鎮定，伺機用事實來說話，用時間淡化，而不是採取過激的行為火上澆油，推波助瀾，輕易被非議流言打敗。

尤其是對於阿菲這樣本身的性格過於鋒芒畢露的人，更是容易遭他人病詬，正為「流言蜚語」創造了適宜的生長土壤。雖然說萬事小心謹慎，也不見得就能明哲保身於是非之漩渦，但最起碼，低調一點，總是相對安全一點。

有的人能從謠言中讀出自己需要的資訊，彌補自己的缺陷——過於急功近利的就該放慢腳步、過於心直口快的就該多考慮其他人的感受；有的人也會像明星利用「緋聞」炒作般，變不利為有利——你要跳槽的消息可能會成為你向老闆談判加薪的資本，你跟某位上層有曖昧關係的消息可能成為你的保護傘……

流言也不見得就是一無是處。

軟能力
你的職場致勝法寶

能力培訓

做個測試來看看，你是不是容易被流言擊敗：

♠如果你有選擇權，你更願意在哪種風格的老闆下面做事？

A、傳統古板，一絲不苟

B、親和力強，沒有老闆架子

C、雷厲風行，對事不對人

D、智商高，情商低，有很多獨到的方法

選擇A——流言殺傷力60%

聽到關於自己的非議四起，那一瞬間，你會覺得山崩地裂。手頭的工作無法完成，會讓你感到更加沮喪。所以你需要的是冷靜一會，讓自己的情緒平復下來，然後把精力放在工作上，要不了多久，你就會「痊癒」的。

選擇 B──流言殺傷力90%

你最不能忍受的就是這種無事生非，或是來自於他人的誤解。這會讓你感到萬念俱灰。你會伺機報復惡意中傷你的人，但是你有沒有想過，報復了他人，或是換了一個工作環境，是否就能以絕後患了呢？

選擇 C──流言殺傷力30%

你的適應力比較強，對於這種非議往往一笑了之，或是煩惱過後就拿這些來自嘲，讓人覺得你很大度，既然非議傷害不了你，那麼製造者也會覺得一拳打到了空氣上。

選擇 D──流言殺傷力10%

你是個以自我為中心的人，你根本不在乎別人對你的想法，好壞都不能影響到你的行動。但這樣的狀態會讓人覺得你不近人情。不妨分析一下流言中的有用成份，改進自己的言行，讓自己受到他人歡迎吧。

05.

「低潮」期的應對

人有了退路，有了其他選擇，
只會讓你更加傾向於逃避，而不是解決問題。

小東西在一天天快速的長大了，不需要媽咪換尿布了，不需要媽咪哄、媽咪抱了，他的大部分時間都開始在學校裡跟同學度過。而身為母親的葉涵不知道從什麼時候起，被一種「不被需要」的失落感包圍了起來。

葉涵懷孕前也曾猶豫過，事業還是家庭，這個擺在所有職業女性面前的問題一樣讓她感到徬徨。她一度堅信自己的事業不會因為生孩子這個神聖的使命而有所延誤，生完孩子的第二個月，她就重返回到了職場。

一次絕好的出國進修的機會來了，葉涵的上司並沒有因

為她一如既往的出色表現垂青她，而是把「升值」的籌碼給了更年輕的人。

當不服氣的葉涵找到上司理論的時候，上司很淡然的說：「妳的孩子還需要妳，妳的丈夫也需要妳，1年多的進修時間可能會毀掉妳的家庭。女人嘛，家庭第一。」

這話怎麼看都是在為葉涵著想，可是葉涵卻怎麼都想不通上司會如此傳統不開化，自己的進修機會就這樣被老觀念給打敗了。

這種挫敗感放在以前根本不會影響葉涵的鬥志，可是現實就是現實，回到家，那邊是丈夫在抱怨保姆的不負責，這邊是孩子粉嘟嘟的小手伸向自己，嘴裡咿咿呀呀的叫著「媽咪，媽咪」……

家庭的確需要自己。而工作那邊也似乎已經對自己不抱太大希望。在這雙重阻力下，葉涵這個一向以事業為重的女強人，最後還是選擇了孩子和家庭，成為了一個全職太太。

然而，她失算了！全職太太並非就是一份輕鬆地的工作，沒有人是你的上司，沒有人供你指揮，你只能靠自己完成所有日常的，突發的事件。六年的時間就在這種雞零狗碎的消磨中度過了，葉涵並沒有因為孩子的成長而倍感成就，她覺

得自己越來越沒用了，被社會淘汰了。上週跟朋友聚會喝下午茶的時候，所聽聞的故事，已經顯得那麼的陌生了。

葉涵想重返職場，可是卻沒有了當年的那份氣魄。她真後悔當年沒有一咬牙撐下來，因為這種細瑣的生活根本不是她想要的。

阿豪坐在自己曾經一度引以為傲的電腦前發著呆，什麼都不想做。他覺得這種生活也不是他想要的。男人需要權力感。這句話一點都沒錯！所以剛開始做網路的時候，阿豪對自己的工作很滿意——掌握一個龐大瀏覽率的網站、控制著幾百萬個註冊用戶、擁有無限資料及資訊。那感覺，儼然自己就是這個虛擬王國至高無上的統治者。

但是時間真的會在不知不覺中讓很多東西發生變化。阿豪漸漸感覺到每天的工作都是不斷地重複再重複，工作開始變得枯燥乏味了，什麼都不想幹，能逃避的工作都逃避掉。這種狀態持續了一段時間，阿豪當然想到了辭職，但一想到要重新面對一個完全陌生的環境，阿豪又感到很茫然。

為了驅散厭倦情緒，阿豪強迫自己找事情做，他開始對公司的網站系統進行全面的重新整理、查找漏洞、更新程式……阿豪並非完美主義者，但是他覺得與其無所事事，不如

找點事情讓自己忙碌起來，最起碼能不陷入某種衝突情緒而無法自拔。

然而僅僅是這些細瑣的事情，似乎依舊無法克服阿豪的低落感。他向朋友說起了自己的苦悶。

「與其鬱悶下去，不如來一次休息吧？」在朋友的建議下，阿豪打算先辭職一段時間跟著朋友去旅行，然後再重新找工作。正當他躊躇著，拿著辭職報告想交給老闆的時候，老闆卻率先告訴他，網路部門要擴大，老闆想提升阿豪來做助手，從事管理工作，當然，薪資也會上調。

阿豪慶幸自己沒把辭職報告交出去，一通電話取消了跟朋友的約定，順手把辭職信送進了碎紙機……

薪資不盡如人意、職位不夠體面、老闆不賞識你、同事暗中排斥你、重複單調的工作讓人乏味、壓力太大的工作又讓人吃不消……就算著這些都不發生，或許你有更高的要求。當你覺得沒有成就感，做起來沒意思的時候，就會產生可怕的念頭——「不上班了！不工作了！」

心裡的惡魔不只一次的跳出來為你報不平，反正人活著就是為了開心，既然工作不開心，還不如不做，要不天天度日如年，真是煩！

為什麼一定要工作呢？

葉涵的家裡的孩子需要她，丈夫又不是養不起她，老闆那邊又不她當回事。人就是要被需要，才有存在的理由，這邊不需要，那就選擇另外一邊吧。全職太太，也是職業，為什麼做了幾年，葉涵又開始後悔了呢？

換個環境、換個公司、換個職位……只要有了改變，或許一切都會好起來吧？可是，別忘記了，最需要改變的不是外在環境，而是你的內心，你的認識。

你覺得遇到了事業的瓶頸，不管選擇什麼樣的方式來進行外部的改善，都是徒勞的，很快的，新環境一旦被適應，老問題又出現了。

試想葉涵當初不離開職場，在備受老闆的「冷落」中，一旦遇到問題，心裡自然會冒出「早知道這樣，還不如回家當全職太太。」的另外一種悔恨。人有了退路，有了其他選擇，只會讓你更加傾向於逃避，而不是解決問題，，卻恰好忘記了從自身找出問題的出口。

沒有樂趣，沒有成就感，那麼就主動去找，主動去改變自己。

阿豪也遇到了「低潮」，覺得工作沒意思，想辭職。他

在無意識的狀態下，採取了一種更為積極的應對方式，用「忙碌」來緩解「虛無感」。

工作中額外任務有助於緩解工作中的「低潮」期。專注的「找事情」來做不僅能在工作上獲得額外的成就感，也能讓自己空白且愛胡思亂想的大腦得到填補，更重要的是，積極的態度讓你的上司對你眼前一亮。低潮就這樣被升職和加薪給沖散了，阿豪迎來了另一個職業高峰期。而不是因為無所事事或是牢騷滿腹提前離職，找到新工作，再次陷入低潮。

在哪裡摔倒，就要學會自己爬起來。葉涵需要的正是阿豪的這種好辦法，來獲得「職業」成就感，不是徒勞的後悔或追憶。對於一個全職太太來說，孩子的成長、家庭的和睦氣氛、這些都是辛勤耕耘的結果，葉涵不該忽視這些。

如果真的想再次投身職場，未嘗不是一種選擇，做出決斷之前，葉涵首先應該考慮自己的實際情況，自己有什麼經驗，應該從事哪方面的工作比較適合自己，而不是為了工作而工作，否則要不了多久，葉涵又會遭遇「低潮」。

正如月有陰晴圓缺一樣，職場之路上，不可能都是爬坡，或是一味的上升，總會遇到不如意和停滯的階段，總會有打不起精神工作的「低潮」期。這是再正常不過的了，先別忙

軟能力
你的職場致勝法寶

著否定自己，否定工作，先改學會調整自己，幫自己順利度過這一必經的階段，說不定下一個「巔峰」馬上就要到來。

 能 力 培 訓

> 不同的低潮，就要用不同的方法來出奇制勝：

♠挑戰面前的低潮——應對方法──→信心

手頭的工作困難無比，你沒有信心覺得自己能做好，那麼你需要的就是心理默念：「我能！我相信我！」不可能100%你都不會，最少有1%的把握，那你就該盡全力去從這1%開始做起，有時候1%大於99%，如果你全力以赴的話。

♠單一乏味的低潮——應對方法──→堅持

沒有哪個工作是天天充滿了驚險刺激的，越覺得輕鬆，就是證明你夠熟練了。那麼熟練之外你該考慮的就是堅持，輕易放棄，證明你當初做的是錯誤的決定，說不定下一個轉行的決定也會讓你繼續覺得乏味。

♠壓力過大的低潮——應對方法 ──→釋放

壓力大的你喘不過氣，那就先放一放，可以轉身去倒一杯咖啡，或是跟周圍的聊幾句，甚至是下班後喝上一杯……說不定靈光一現，你又有好點子了。

♠能量不足的低潮——應對方法—→充電

在職場裡混，就是逆水行舟，不進則退。你身邊的競爭對手，新人輩出，如果你覺得現有的知識「落伍」了，感覺到了力不從心，那麼這個信號就是告訴你，該充電了。可以反思和總結你以往的工作，也可以申請去進修，無論哪種方式都是為了你的職場之路走的更穩更遠。

♠人際關係的低潮——應對方法—→真誠

同事的誤解，上司的偏見，家人的不理解，朋友的疏遠，這一切都會讓你覺得工作沒意思，生活沒意思。舌頭和牙齒都會打架，所以不必太在意，用自己的真誠去打動對方吧，人際關係的改善，也會幫你順利度過「低潮」期。因為有支持，才會更容易堅持。

♠雜亂無章的低潮——應對方法—→環境

忙的沒有時間整理辦公桌、電腦、家務，這些雜亂無章的環境映射出了你的心情和思路。花幾分鐘或一個週末，讓一切都變的井然有序吧。明窗淨几的環境會讓你感覺煥然一新，工作做起來也會「爽快」很多。

♠身體不適的低潮——應對方法—→休息

頭痛欲裂、疲憊不堪、腰酸背痛……怎麼可能會覺得工

作帶勁？該吃藥的吃藥，該看醫生就看醫生，睡眠不足就要補充，飲食失調就要注意。沒有好的身體基礎，絕對成就不了工作的順利。

規則就是規則

不要帶著情緒工作。

　　阿科一直抱著把客戶當朋友的態度來拓展自己業務。工作上他絕對不會只考慮自己的利益，而是相信只有「雙贏」的合作才能態贏得客戶的信賴。工作之餘，他經常跟已成為好友的客戶一起去聚餐或是到酒吧聊天，這也為他創造了很多額外的機會。

　　身為公關公司的業務人員，阿科在業界和媒體都有不少朋友，在他看來，只要不是工作場合，大家都是私交甚好的朋友，完全可以不在意彼此誰是哪家公司的老闆，還是一般的工讀生。

　　有次聚會，阿科從一個媒體朋友那裡瞭解了很多「趣味」

軟能力
你的職場致勝法寶

消息，投桃報李，當朋友問及他關於一家公司的內幕的時候，阿科沒有多想，就把自己知道的關於這家公司的內幕告訴了朋友。不料，這家公司違規操作的內幕第二天就成了報紙的頭條。消息見報後沒多久，洩漏客戶祕密的阿科自然也被公司解雇了。

阿科把客戶當朋友沒有錯，用真誠的態度交友也沒有錯。有人會覺得他錯就錯在「交友不慎」，朋友之間難道不該為對方保守祕密嗎？

可是阿科就沒有責任嗎？畢竟從他嘴裡說出來的是商業機密。員工對自己所在的公司和行業保守祕密難道不是規則嗎？

要想他人替你保守祕密的最佳方法，就是不告訴他。

洩漏公司的、客戶的機密，無論你是有心為了謀取利益，還是無心說漏了嘴，都是缺乏職業素養的表現。阿科的錯，還是自己造成的，媒體的朋友對什麼最敏感？難道阿科對此真的一無所知嗎？違反了基本的職業道德，阿科被解雇一點都不無辜，沒有被公司和客戶告上法庭，已經算是他的萬幸了。

大元讀完碩士後就留在日本找了一份工作，做了三年多

後，因家庭原因回到國內，從頭做起。剛步入公司，習慣了正統的日式風格的大元有點不太適應。他看到公司裡的年輕人極少有人會穿西裝打領帶，穿著就像逛街般地隨便。此外，上班的時間，有人聊天，有人戴著耳機聽音樂，還有人離開自己的座位……大元每天西裝革履認真工作的樣子反像是局外人！

　　大元告誡自己，初來乍到，不要太顯眼，引人矚目。可是受日本企業文化影響深厚的他又為公司的未來感到擔憂。

　　終於在一次會議即將結束的時候，老闆吧目光轉向了大元，對大家說：「大元是我們公司的高材生，我們公司才起步，非常需要大元之前的管理經驗啊！」

　　受到鼓舞的大元忍不住了：「哪裡，哪裡，我還需要多多向在座的人學習呢。不過關於很多辦公室的日常工作，我還是要提出一點建議……比如我經常聽到辦公室裡的電話鈴聲響了半天也沒有人接，這會失掉很多寶貴的商業機會啊！我以前在的公司老闆就規定了，如果電話鈴響了三聲之前沒有人接，那麼電話所在辦公桌的主人該月的獎金就沒有了……」

　　「有沒有搞錯！」底下的人發出一聲驚呼。

軟能力
你的職場致勝法寶

打從那次起，所有的同事都開始有意無意的迴避大元，因為他們知道大元對他們的行為看不慣，搞不好就會拿自己開刀，或是去老闆那裡告狀。

老闆那裡漸漸的也聽到很多人在說大元孤傲，不合群，於是想來想去，還是用多一個月的薪水滿臉歉意的請大元走人了。

大元肯定會覺得自己委屈，既沒有觸犯公司的規章制度，又沒有做錯什麼，為什麼就被解雇了呢？開頭的阿科是碰到了明規則，而大元則是觸及了暗規則。

明規則是公司章程裡，員工手冊裡白紙黑字寫著的。而暗規則是一個企業內部的整體風格和氛圍。兩者都是不能觸及的「底線」。你無視規則，或是不小心違反了規則，你都會因此斷送你的職業生涯。

大元所在的公司，老闆都沒有對底下員工的鬆散狀態表現出不滿，或許是老闆想為年輕的員工創造一種輕鬆的氛圍，或許是公司剛成立還有待於完善。那麼存在即合理，大環境如此，大元公然表現出的「改革」意識，只會引起他人的敵意，排斥、詆毀、誹謗就會不請自來，而老闆則會根據大多數人的意見，來請少數派出局，哪怕真理掌握在少數派手裡。

沒有死規則，因為所有的規則都是人定的，人是活的，規則也就是機動的。你只能順勢而為。你身處組織的規則（明規則和暗規則）就是你應遵循的遊戲法則，當它與個人價值觀發生衝突時，你有權採取去留的舉動來做出你的選擇。依仗自己的某種強勢地位（如業務能力、人際關係、資源壟斷等），試圖突破組織規則，會付出代價。如果作為弱者，仍試圖以自己的價值觀挑戰組織規則，更會成為無謂的犧牲品。

 能 力 培 訓

> 看看下面的幾條規則，你有沒有遵守？

★不要跟你的老闆過不去——哪怕老闆的人品有問題，決策有失水準，甚至就是個白癡，你也要讓他覺得你很尊重他。

★不要做團隊中的叛徒——哪怕這個團隊裡都是酒囊飯袋，你也不要顯得你太聰明，鶴立雞群的後果要嘛有人覺得你是仙鶴，最大的可能是請出雞群。

★不要公然違反公司的硬規定——哪怕你的成績卓越，你跟老闆私交很好，只要你不是老闆，你就要學會懂規矩。

★不要跟任何一個同事（包括上司和老闆）談感情——有些公司已經明文禁止公司員工結婚，難道還不能說明問題嗎。

★不要公私不分——哪怕你是為了公事著想，非常純潔，也別讓人覺得你有小算盤。

……

規則還很多很多，你要有意識的讓自己慢慢去學習，去總結，去領悟。

鄭雅方 編著

面對 **不愉快**
你可以選擇

但是，無論碰到什麼困難，
不要感到害怕與恐懼。

一笑置之

活著 就要盡可能發揮自己
放射的作用，活就來的樂趣。

面對不愉快的事情
你可以選擇生氣，
也可以選擇一笑置之。

　　有哪一股力量可以幫助庸才變成人才，人才進步成天才？
有哪一種方法可以給你力量去克服逆境，給你敏銳度抓住機會，
　　給你提升智商的催化劑，給你發揮稟賦的加乘效果？

　　答案是人生態度，積極進取的人生態度。

　　使你快樂或不快樂的，不是你有什麼，你是誰，
　　你在哪裡，或你正在做什麼，而是你對它的想法。

　　你從內心採取什麼樣的態度，
　　就會獲得什麼樣的感覺和心情。

其實關鍵的所在，就是我們要看清前路的方向。
方向找對了，就是一個成功的開始！

其實生活並不簡單，懂得取捨更是不易！

很多人努力付出後，
也許並不能馬上得到自己想要的回報；

然而，當不期而遇的幸運降臨，在回顧以往的努力經歷時，
便會暗自慶幸自己的所有付出都是值得的。

Better safe
than sorry
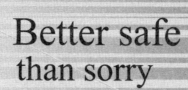

在危機的處理過程中，有時候發現了一大堆的問題並不是可怕的事，
相反，最可怕的是危機發生了，但卻找不到問題所在。

如何在危機出現時保持冷靜迅速判斷？
如何走在危機前面做到防患於未然？
如何能夠做好萬全的準備？
怎樣在與危機作戰時打個漂亮的大勝仗？

這不僅僅應當是危機過後的反思，
更應當是日常生活中必須考慮的問題，成為每個人的必修課！

永續圖書
線上購物網

www.foreverbooks.com.tw

www.foreverbooks.com.tw

yungjiuh@ms45.hinet.net

全方位學習系列 74

軟能力：你的職場致勝法寶

著	胡曉梅
出 版 者	讀品文化事業有限公司
責任編輯	賴美君
封面設計	林鈺恆
美術編輯	王國卿

總 經 銷	永續圖書有限公司
	TEL ／(02)86473663
	FAX ／(02)86473660
劃撥帳號	18669219
地 址	22103 新北市汐止區大同路三段 194 號 9 樓之 1
	TEL ／(02)86473663
	FAX ／(02)86473660
出 版 日	2019 年 12 月
法律顧問	方圓法律事務所　涂成樞律師
CVS 代理	美璟文化有限公司
	TEL ／(02)27239968
	FAX ／(02)27239668

國家圖書館出版品預行編目資料

軟能力：你的職場致勝法寶／胡曉梅著
--二版. --新北市 ： 讀品文化, 民108.12
面； 公分. -- （全方位學習系列：74）
ISBN 978-986-453-111-0 (平裝)
1. 職場成功法
494.35　　　　　　　　　　　　108017234

▶ 軟能力：你的職場致勝法寶

■ 謝謝您購買這本書，請詳細填寫本卡各欄後寄回，我們每月將抽選一
百名回函讀者寄出精美禮物，並享有生日當月購書優惠！
想知道更多更即時的消息，請搜尋 "永續圖書粉絲團"

■ 您也可以使用傳真或是掃描圖檔寄回公司信箱，謝謝。
傳真電話：(02) 8647-3660　　信箱：yungjiuh@ms45.hinet.net

◆ 姓名：_____　　□男 □女　　　□單身 □已婚

◆ 生日：_____　　□非會員　　　□已是會員

◆ **E-mail**：_____　電話：(　)_____

◆ 地址：_____

◆ 學歷：□高中以下　□專科或大學　□研究所以上 □其他_____

◆ 職業：□學生　□資訊 □製造　□行銷　□服務 □金融

　　　　□傳播　□公教 □軍警　□自由　□家管 □其他_____

◆ 閱讀嗜好：□兩性　□心理　□勵志　□傳記　□文學　□健康

　　　　　　□財經　□企管　□行銷　□休閒　□小說　□其他

◆ 您平均一年購書：□5本以下 □6～10本　□11～20本

　　　　　　　　　□21～30本以下　□30本以上

◆ 購買此書的金額：_____

◆ 購自：□連鎖書店 □一般書局　□量販店　□超商　□書展

　　　　□郵購　　□網路訂購　□其他

◆ 您購買此書的原因：□書名　□作者　□內容　□封面

　　　　　　　　　　□版面設計　□其他

◆ 建議改進：□內容　□封面　□版面設計　□其他_____

　　您的建議：

讀好書品嚐人生的美味

軟能力：你的職場致勝法寶